JN198204

随想　石油産業を歩いてみて

ー石油の価値とノーブル・ユースー

須藤　繁

幸書房

はじめに

本書は，石油産業動向の調査と分析に携わってきた筆者が，所属機関・調査委託機関への報告から省かれたもので，個人的に「石油産業史」というファイルに綴ってきたメモや資料を，石油産業史からの随想としてまとめたものです．

主に2015～18年に雑誌に投稿したものから随想の要素が大きい著作を選び，加筆・再構成しました．

筆者は，2010年まで所属機関や調査委託機関に国際石油動向に関する報告をまとめる仕事に従事した後，2011年から大学教員になりました．それらの投稿をまとめたのは調査活動を離れてからのもので，現役の調査活動を離れますと，本書に収めた感想を持ちながら，調査活動を行っていたことにある感慨を感じるものです．

筆者は，1973年～2010年までの38年間，石油産業の調査・分析に従事できたことを幸福だったと思います．良き同僚と，知己に恵まれたことは，何よりもありがたいことでした．また石油問題は，OPEC情勢，中東情勢，海事産業，オイルマネーの運用を通じた国際金融問題，エネルギー政策，地球環境問題等々，様々なテーマに発展する契機を含んでいるため，先入観なしで対象に向かうことを心掛けていれば，飽きることがない面白いテーマであると思います．そのことは，一般紙の経済記者諸兄が何十年にもわたり，健筆を振るわれている姿を折に触れ拝見するにつけ，今なお感じるところです．実際，筆者は石油問題を追跡することが疎ましくなったことは一度もありませんでした．

本書の構成は，10章からなります．第1章は「石油の価格と価値」で，第10章が「石油のノーブル・ユース」というものです．両章は，雑誌投稿時は「石油の価格と価値（その1)」と「同（その2)」としてまとめたものでした．筆者の問題意識の中心は，「あり得べき石油の価格と価値」の見極めと「石油の正しい使い方」にありますので，本書は第1章「石油の価格と価値」で始まり，第10章「石油のノーブル・ユース」で終わるという構成にしました．タイトルの副題に「石油の価値とノーブル・ユース」と付したのも，その意図に沿いたいと考えたためです．あとがきには，原油タンカーの乗船時の感想を付け加えました．

本書でみるとおり，石油価格は第二次世界大戦後，バレルあたり約2ドルから2008年には147ドルまで大きく変動しました．需給環境や政治情勢等の影響で，時に高騰，時に下落しましたが，石油の価値の評価はこの間どのように変わったのでしょうか．また，地球温暖化対策への取り組みが人類にとって喫緊の課題となっている今日，人類は石油とどのような付き合いをすべきなのでしょうか．

世界は今日エネルギーの転換期にあり，日本を含め一部の国は化石燃料から再生可能エネルギーへの転換を進めています．その一方で，世界には様々な形でエネルギー転換過程を進めている国があります．例えば，産油国の中でノルウェーは，石油や天然ガスの生産を進めながらも，排出される二酸化炭素（CO_2）を地中に再圧入する，いわゆる二酸化炭素回収貯蔵（CCS）プロジェクトを多く立ち上げています．同国はまた豊富な水力資源を持っていますので，これらの活用により，原油を生産しながらも国単位としてカーボンニュートラルの実現を図ろうとしています．あるいは，世界最大の石油資源保有国であるサウジアラビアはCCSを推進しブルー水素（天然ガスからCO_2を分離して得た水素）の供給を始め，さらに国内的には既に多くの大型太陽光発電プロジェクトを稼働させ，グリーン水素（再生可能エネルギーで発電された電気を用いて水を電気分解して得られる水素）の供給を視野に入れています．

国際社会の中で，それぞれの国家間の利害調整という観点からは，化石燃料であれ，再生可能エネルギーであれ，それぞれが持てる資源を最大限有効に活用することを認め合うことが重要であると筆者は考えますが，この点に関しては，読者の皆様のご批判を待ちつつ，ご一緒に考えて行きたいと思います．

最後になりますが，本書出版の労をとられた株式会社幸書房の皆様にお礼を申し上げます．夏野雅博取締役相談役にはタイトル及び章立てに関し適切なご提案をいただき，また伊藤郁子さんには編集全般に関し丁寧かつ的確なご指摘をいただきました．記して謝意を表します．

2024年10月

須藤　繁

目　　次

第1章　石油の価格と価値

原油価格の推移

原油価格は，第二次世界大戦後，バレルあたり2ドルから2008年には147ドル（WTI）まで大きく変動した．図表1は旧BP統計から取った1861年から2023年までの原油価格（年平均）の推移である．需給環境や政治情勢等の影響で，原油価格は時に高騰，時に下落したが，石油の価値はこの間どう評価が変わったのだろう．

図表1：原油価格の推移

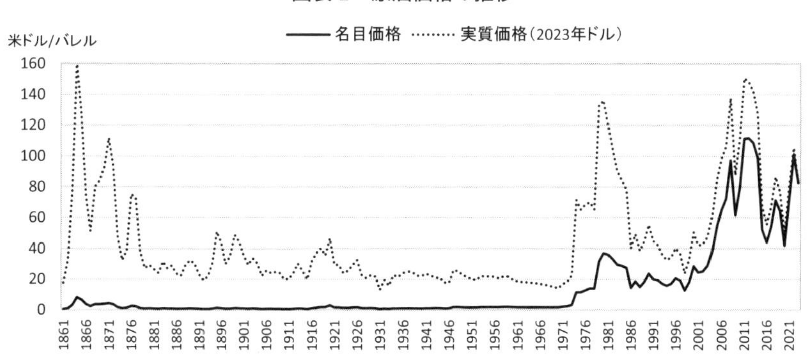

出典："Statistical Revier of World Energy-2024"（旧BP統計）より作成

サウジアラビアの石油相には歴代，高い教養をもった人物が就任している．初代のタリキ石油相は，民族石油主義者でOPECの創設に大きな功績があった．

タリキ氏の後任がヤマニ石油相であり，3代目がナーゼル石油相，4代目のナイミ石油相，5代目のハーリファエネルギーを経て，現在のアブドル・アジズエネルギー相は6代目である．因みに，2016年6月の内閣改造で石油鉱物資源省はエネルギー省に改組された．歴代の石油相の中で，ヤマニ氏，ナーゼル氏は，1970〜90年代OPECのみならず，また，国際世論をリードした．

ヤマニ石油相は，1983年，原油公式販売価格が5ドル引き下げられた際，「値下げは唯一の方法である」とする論陣を張った．また，「石器時代は石が無くなって終わった訳でない」という言葉は有名である．

これらは，余りに人為的な石油価格の引き上げは，消費国の石油離れを招く可能性があるとの認識を基礎にしており，同石油相は一貫して，そう主張したように思う．ここには，世界最大の石油資源の保有国として，石油資源の最後の一滴まで有効利用することがサウジアラビアの国益に適うという基本認識がある．同時に，必要以上の価格の引き上げは，石油の最大限の有効利用を阻害するという認識にヤマニ石油相は到達したのだろう．

ナーゼル元石油相のこと

ヤマニ石油相の見識もさることながら，ナーゼル石油相の見識にも目を見張るものがあった．私が OPEC 総会の取材をしていた 1991〜96 年のサウジアラビアの石油相は，ほとんどナーゼル石油相の就任期間で，最後の 1 年間がナイミ石油相の時代であった．私がナーゼル石油相に特別な敬意を感じる一つにはそういう背景がある．また二つ目には，ナーゼルは，企画相時代，日本・サウジアラビア合同委員会のサウジ側カウンターパート代表であった．さらに OPEC 総会の取材活動では，私も新聞記者のぶら下がり取材の真似事で，直接質問をぶつけたことも一度ならずあった．

今から思えば，OPEC は組織としては「幸福な 90 年代」を経験した．皮肉なことに原油価格は低迷していたが，だからこそ，OPEC には団結が必要だったのだろうか．1994 年，インドネシアは OPEC の連帯維持を祈念して，事務局に白檀の浮き彫りを贈り，12 月の総会の際，その贈呈式が行われた．古代インドの叙事詩であるラーマヤーナの一場面を表したもので，当時の 13 人の石油大臣の

写真 1：OPEC 事務局に贈呈されたレリーフとナーゼル石油相の浮き彫り

レリーフの右端中程で
木陰から窺うナーゼル石油相

顔が彫り込まれている．偶像崇拝禁止のイスラーム諸国の石油大臣も関係なしとばかり，喜色満面の面持ちで収まっており，ナーゼルは右端で木の陰からラーマ王子を見つめている．

サウジアラビアの役割

1987年11月10日にナーゼル石油相は，「世界石油市場におけるサウジアラビアの役割」[1]という演題で，米国石油協会（API）の年次総会で講演を行った．講演自体は，実務的なものであり，様々な専門誌で報じられている内容のものであるが，私は，聴衆一同を話しに引き込んでいく冒頭部の言葉に，ナーゼルの洗練された知性を感じた．まず彼は「本日は生産者と消費者の利益が一致する，相互に依存し，相互に支え合うエネルギー市場における正当な当事者の主張に関し，サウジアラビアの見解を説明したいと思う」と述べ，次に「天然資源の価格付けに関する概念的基礎について考えを述べる」とした．

そこで，彼は，「自由奔放な皮肉な見方をするのは止めよう」と語り掛け，「オスカー・ワイルドが言うように，皮肉屋とはすべてのものの値段を知っているが，価値については何も知らない人のことである」と続けた．

要は，原油価格は当時，バレル当たり18ドル程であったが，その数年前には適正な価格は40ドルとされ，石油の価値は代替エネルギーと同等であると論じられていた．

しかしながら，市場では，18ドルで原油は取引されている．それは原油の当面の相場に過ぎない．石油の価値とは本当に18ドルに過ぎないのか，ナーゼルはこのように訴えたのである．

当時私は，エネルギー経済的に，原油にとって18ドルの評価は過小であり，その価値ははるかに高いと考えていた．買い手の立場ではあっても，途上国を含め消費国として経済力に余力があれば，より高い原油代金を払っていいとも考えていた．あるいは，消費者が余分に払った金（税金）をプールし，世界経済，あるいは石油産業の将来のために投資するスキームを石油産業として構築できないかとも考えた．

一般にある財が，その価値を低く考えている人から高く考えている人の手に渡るとき，新たな価値が発生する．ミクロ経済学では売り手側が得た利益を生産者余剰，買い手側が得た利益を消費者余剰という．原油取引において産油国陣営か

[1] “The role of Saudi Arabia in the World Oil Market” MEES1987年11月16日号

ら消費国陣営へ原油が売られる場合，産油国側は生産者余剰を享受し，消費国側は消費者余剰を享受する．どちらが相対的により多くの利益（余剰）を享受するかは，その時々の市場環境に依ることになる．

近代経済学は，取引成立のための最終交換単位による効用の増加分（限界効用）が価値（価格）決定に大きな役割を果たすことを明らかにし，古典派経済学で言う使用価値と交換価値を，全て効用と限界効用によって，統一的に説明する．

これを抽出産業としての石油産業に当てはめれば，石油は有用だが，宝石に比べれば，はるかに安価であり，宝石はさほど有用とはいえないが，非常に高価である．これを説明するためには，石油と宝石のそれぞれが持つ，交換価値と使用価値を明確に区別し，直接の関連を否定して考えることが必要である．

また，希少性と限界価値に関しては，水の価格（交換価値）は，状況によっては（例えば，砂漠などで），非常に高価となる場合もあるが，通常は安価である．その理由は，水がすでに豊富で，希少性に乏しい場合には水の限界価値が低いことによる．石油も化石燃料として有限であるが，短期的には需給環境により余剰にもなれば，また，需給逼迫が見込まれれば限界価値が高くなることもある．

石油を市況商品であるとするならば，様々な要素に基づく必要労働時間の長さに換算される，交換比率による制約を受ける市況商品の一面を持つことは否めない．ナーゼルはその制約はより長い時間軸を設定すれば，より大きな交換比率が設定されるべきであると考えたのだろうか．

ナーゼルはスピーチの中で「天然資源の価格は，先進国が優勢な立場に立ちながら決めてきた．産油国の資源や所有者の報酬は，常に間接的な報酬とみなされ，開発途上国の開発上の必要性は考慮されて来なかった．求められるものは，消費国が直面する原料の投入価格と産油国の資金需要から要請される価格との市場における微妙なバランスである」と述べている．

ウィンダミア卿夫人の扇

ナーゼルの講演から7年ほど後になる．ナーゼルのアドバイザーの一人で，いろいろなセミナーで一緒になるうちに，個人的に親しくなった石油相顧問がいた．

1994年8月同顧問が，ノルウェーのスタバンガーで「石油市場の神話と現実」という，やや哲学的な講演をした際，コーヒーブレイクで私は彼に言った．

「大変いいスピーチだった．ナーゼル大臣の格調の高さと相通ずる内容だった．ところで，ナーゼル大臣の講演はいつも格調高いものだが，大臣のスピーチ原稿はあなた達，アドバイザーが執筆するのか？」

すると，顧問は答えた．

「大臣は我々よりもはるかに深い見識をお持ちである．原稿は全て大臣自身がまとめられる」

「オスカー・ワイルド等の引用も大臣が考えるのか」

「もちろん，そうだ」

私は，同顧問との話しが印象に残り，先に引用したワイルドの箴言が，今さらながら，石油問題（価格，価値）を考える上で，いい引用であったと思った．

当時ロンドンに勤務していた私は，ロンドンに戻り，ワイルドの言葉がどこで書かれているのか知りたいと考え，秘書にこの言葉を知っているか，と訊ねた．彼女は「知らない」と答え，彼女との話しはそれで終わった．

翌日私は，所長の秘書に，同様にワイルドの言葉をぶつけてみると，彼女は確答を避け「答えは，明日まで待つことはできますか」と答え，私が渡したメモを保持した．そして翌日，彼女は件の言葉が「ウィンダミア卿夫人の扇」[2)] という戯曲に出てくる言葉であると教えてくれた．

これらのことから私は様々なことを学んだ．

・産油国の閣僚の中にも，ナーゼルのような見識豊かな人もいれば，駆け出しの政治家，腐敗官僚，石油産業上がりの実務家等，様々な人がいること．先の浮き彫りにも，汚職まみれの石油相が含まれていたことは公然の秘密であった．

・英国人の中にもワイルドのことばを一切知らずに，生活に追われる階級・階層に属する人がいれば，それらの教養に通じ，かつそれに辿りつく方法を共有している階層があること，等々である．いずれも善男善女であり，私は属する階層により付き合いを変えたことはないが，ある種の無国籍人である私のような立場は，ブラックタイ着用のパーティーに呼ばれたりすることもあるが，生活に埋没する階層はかかる社交界と無縁に生きるのは事実である．そもそも社会に階層が存在することは不条理ではないのか，私は本件に関しては，結論を持ちあわせないが，英国は統治せずとも君臨する王室を戴く国である．現に，私の英国在勤中も来訪者はバッキンガム宮殿やウィンザー城への訪問を最も多く希望したことを考え合わせれば，不条理にも不条理なりの合理性があるという

---

2) “Lady Windermere's Fan, A Play About a Good Woman” (Oscar Wilde)

ことか，未だに私にはわからない．

戯曲「ウィンダミア卿夫人の扇」の構成

「ウィンダミア卿夫人の扇」は，不思議な話しである．題名にある扇は，夫のウィンダミア卿が，夫人の誕生日に彼女に贈った，名前入りの扇のことである．

同戯曲は 24 時間以内に終る話である。4 幕構成で，ある火曜日の午後 5 時にはじまり，翌日午後 1 時半には終る設定である．あらすじは以下のとおりである．

第 1 幕

ウィンダミア卿は，最近あまり評判のよくない年輩の女性，アーリン夫人に大分入れあげているという噂があって，妻のウィンダミア卿夫人は心穏やかではない．心ならず目にした銀行の通帳を見ると，数度にわたりアーリン夫人宛に大金が支払われていた．

ウィンダミア卿は夫人の誕生パーティーに，夫人の反対を押し切り，アーリン夫人を招待してしまう．その夜，ウィンダミア卿夫人に好意を寄せるダーリントン卿から告白を受けた夫人は，夫の不倫の疑いを抱きつつ手紙を残してダーリントン邸に向かう．

第 2 幕

その手紙を最初に発見したのはアーリン夫人だった．アーリン夫人は，実はウィンダミア卿夫人の母親だった．ウィンダミア卿はそのことを知ったために，義母の援助を行い，妻に会わないように試みただけであったが，そうした事情を知る由もない夫人は，夫に疑念を持っていた．アーリン夫人は若い時，子供（ウィンダミア卿夫人）と夫を捨てて愛人の許に走るという経験をしていた．ウィンダミア卿が妻の意に反して，アーリン夫人を妻の誕生日のパーティーに招待したのも，娘に会いたいというアーリン夫人の願いを断わり切れなかったためであった．

一方ウィンダミア卿夫人は，母は自分が小さい時に死んだと聞かされて育てられており，母には今でも敬意を抱いていた．ウィンダミア卿夫人がダーリントン邸へ行ったことを知り，アーリン夫人は娘に自分と同じ過ちを繰り返させる訳にはいかないと考え，ダーリントン邸に向かった．

第 3 幕

ダーリントン卿は帰宅しておらず，アーリン夫人は間に合った．そこで，アーリン夫人は，娘に自分が実の母親であることを明かすことなく，夫と子供の許に帰るよう説得する．そこへダーリントン卿がパーティに出席していた男たちを連れて帰ってくる．その中にウィンダミア卿もいる．アーリン夫人とウィンダミア卿夫人はあわてててカーテンの後ろに隠れる．アーリン夫人は娘を，機会をみて送り出す．

ダーリントン邸で，男達はウィンダミア卿夫人が忘れて行った扇を見つけて騒ぎになるが，アーリン夫人がその扇は自分が間違って持ってきてしまったものだ，と釈明し，ことなきを得る．

第4幕

翌日ウィンダミア卿夫人は，アーリン夫人に感謝するが，アーリン夫人は，自分が母親であることを明かさぬまま，ウィンダミア卿夫人の扇を思い出に貰い受けて外国へ去って行く．

以上がワイルドの戯曲のあらすじであるが，件の言葉は第3幕，一同がダーリントン邸に集まり，結婚談義を行う過程で発せられる．

ダーリントン卿：「君たち，なんて皮肉屋なんだ！」

セシル・グレアム：「皮肉屋とは何ぞや？」

ダーリントン卿：「あらゆるものの価格は知っているが，なにものの価値をも知らぬ人間のことなり．」

セシル・グレアム：「そして，感傷家ってのはだね，ダーリントン君よ，あらゆるものにとてつもない価値を認めるが，たったひとつのものの市価さえ知らぬ人間のことさ」（新潮文庫　西村孝次訳）[3)]

ナーゼル元石油相が訴えたこと

ナーゼルは，断じて，感傷家ではない．石油に必要以上の「とてつもない価値」を認めようとしている訳ではない．ただ，その価値とは当時の18ドルでは過小評価であるとの議論を喚起しようとしたのである．

持てる者が強さと裏腹に併せ持つ弱さを知るサウジアラビアが目指すものは，穏健な価格水準の維持である．中庸な価格水準こそが最も長く人類を石油の有効利用に導く．こうした中庸な価格が浸透するとき，石油は持てる価値を最大限顕在化する．ナーゼルが訴えたことはそのように聞こえる．

3) 「サロメ・ウィンダミア卿夫人の扇」（オスカー・ワイルド著、西村孝次訳）新潮文庫 P.59-162

「サウジアラビアはその天然資源を懸命に使うことで，人類文明の質を高めるように運命づけられている．サウジアラビアには，豊富でほとんど永久に利用可能なエネルギーが，その最も望ましい形（即ち，石油）で保有されている．私達は，仮に世界がサウジアラビアが必要とするものを満たすならば，世界のエネルギー市場の要請に全面的に応じるであろうと確信する」との言葉で，ナーゼルはスピーチを結んでいた．

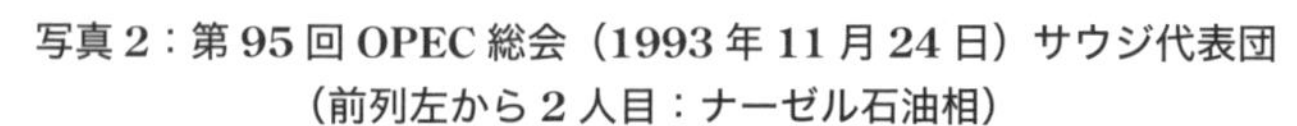
写真2：第95回OPEC総会（1993年11月24日）サウジ代表団
（前列左から2人目：ナーゼル石油相）

さて，ナーゼルの話しは，1980年代後半の話しである．本章冒頭の図でも明らかなとおり，原油価格はその後，1980年代後半につながる18～24ドルに低迷した1990年代を経て，2000年以後は高騰を繰り返し，2008年7月にピークを打った．しかし，その後下落，2011～14年夏は再度高値を実現したが，同年秋以後下落し，2024年は70～90ドルの範囲で変動している．ならば，石油の価値とは今日いくらと見定めるべきか，皮肉屋ならずとも聞いてみたい気がする．

第2章　日章丸事件再考

海賊と呼ばれた男

「海賊とよばれた男」は，百田尚樹氏のベストセラー歴史小説である．2012年7月11日に上巻，下巻が同時に発行された．主人公の国岡鐵造は，出光興産創業者の出光佐三をモデルとしている．2013年4月第10回本屋大賞を受賞，2016年に映画化作品が公開された[4]．また，2024年8月現在上下巻累計で420万部を売り上げている．このように広く受け入れられている作品を批判的に取り上げることには不本意な読者が多いかも知れないが，二点，批判的な考察を行いたい．

私は，石油産業団体に在籍したことがあるため，出光佐三氏には一方ならぬ敬意を感じてきた．仮に，私が出光佐三氏の評伝を書くとしたら，絶対に外せないことがある．また，日章丸事件を扱えば，国際石油産業を超えた国際政治史上の意義を考えねばならないと認識している．

八尋俊介氏との友情

最も基本的なこととして，人は何故人を尊敬するのだろうか．あるいは，人は何故人に全幅の信頼を寄せるのか．第二次大戦後800人の引揚者を馘首しなかったからか．大英帝国の包囲網を掻い潜ってイランに石油を取りに行ったからか．

それらは立派な業績であるが，人は業績だけでは心の底からの尊敬を抱くことはない．要はこうした決断を行い，実行した人物の人間としての魅力が出発点になるのだと思う．

そして，そうした人間の評価は，その人物がどういう友をもっているか，どういう付き合いを大事にしているのか，ということの積み上げで徐々に醸成されるのだろう．

---

4)「月刊出光」2015年12月号は，「明治から昭和にかけた激動の時代を舞台に，さまざまな苦難を乗り越えながら，戦後の日本に大きな勇気と希望を与えるストーリーは，幅広い世代に支持されている．本作の脚本・監督は，「Always三丁目の夕日」(2005年)，「永遠のゼロ」(2013年)で日本アカデミー賞最優秀監督賞を受賞した山本貴．さらに「永遠のゼロ」で同賞最優秀主演男優賞を受賞した岡田准一が主人公・国岡鐵造を演じるとあって，大きな注目を集めている」と紹介した．

出光佐三氏の若き日の交友関係をフォローしていくと，自然と八尋俊介氏に行き着く．出光氏と八尋氏は，互いに認め合う生涯の親友であった．

両氏は旧福岡商業の第一期生として，同じ下宿先で5年間暮らした．八尋俊介氏の長男である故八尋俊邦三井元物産会長（1915年2月生，2001年10月没）によれば，両者の友情は戦前・戦後を通じて70年に及び，年を重ねるごとに深く，厚くなっていった．

俊邦氏は，日経新聞に掲載された「私の履歴書」[5]をもとに上梓した「ネアカのびのび」（日本経済新聞社出版，1990年発行）の中で，実父の告別式で出光氏が弔辞を述べられた時の模様を次のとおり書いている．

「父は昭和47年3月86歳の天寿を全うした．告別式の時，佐三翁は（中略）過ぎ去った青春時代の思い出をポツリポツリ，語りかけるように話された．この原稿なしの弔辞は今でも鮮明に覚えている．

――おまえとおれ，小さいころから，終始離れず付き合ってきた．二人で舞子の浜を散歩していたら枝振りのいい松の木があった．

おれがおまえの尻を押し上げたのか，おれがおまえに押し上げてもらったのか忘れたが，二人で枝の上に腰かけて弁当を食べた．その時おれは話を切り出した．淡路の日田さんという老人がいて，別荘売って，この金で独立してみろという．そしたらおまえはこういった．『おれはたいした力になれないが，そこまで見込む人がいるのなら，やってみろ．おれも及ばずながら力を貸す』．そういわれて，おれは独立する気になった．とうとうおまえは逝ってしまったが，おれも遠からずそっちにいくから，しばらく待っていろよ――．

ひとりごとのような弔辞に，一同涙が止まらなかった．

晩年，父は友人の非凡さを見抜いた自分の目に狂いがなかったことをひそかに自負し，出光の今日の大成をだれよりも喜び，素晴らしい友に恵まれた幸せをしみじみ感じていた．」

俊邦氏のこの文章は美しい．今読み返しても胸を打つものがある．実父への尊敬と父と親交を持たれた出光氏に対する敬意に満ち溢れている．我々は，どれ程立派な人物でも孤高の精神には全幅の信頼を寄せることはないように思う．日田重太郎氏が信じたのもそうした友人に恵まれていた佐三氏の生き方ではなかったかと私には思われる．

ついでながら，俊邦氏が出光氏の弔辞を記憶されていることは，相響きあった

---

[5] 1989年12月1日～31日掲載

両者の人格の合わせ技とでも言おうか．

因みに出光佐三氏は，八尋俊介氏が没した9年後，1981年3月7日享年95歳で他界した．

日章丸事件の世界史的意義

日章丸事件の石油産業史上の意義は，独立系石油会社が国際石油カルテルに一矢報いたことにあるといわれる．日本経営史・エネルギー産業論を専門とする橘川武郎教授[6]は，

> 「出光佐三―黄金の奴隷たるなかれ」の中で，「敗戦ですっかり打ちひしがれていた当時の日本国民にとって，連合国の中心的な一角を占めたイギリスに正面から堂々とわたりあって勝利を収めた出光興産の『日章丸事件』は，まさに奇跡的な出来事であった．日章丸の奇跡は，出光佐三を戦後の日本で最も人気のある経営者の一人に一挙に押し上げるとともに，日本経済全体の『奇跡の復興』，すなわち，1950年代半ばから始まる高度経済の呼び水の一つともなった」

と書いている．

しかしながら，日章丸事件は，より大きくはパックスブリタニカからパックスアメリカーナへの時代の流れの中に位置付けられ，その中で最も重要なことは，アメリカがイギリスの凋落を傍観したことである．

年表を作成したので，時系列で見ていきたい．日章丸事件の前後で変わったことは，国際政治の中心的パワーがイギリスからアメリカに変ったことである．1970年までは石油産業史的には依然として国際石油カルテルの時代であり，イランは早過ぎた国有化を断行し，アングロ・イラニアン石油[7]に一矢報いたものの，結局は1954年新たに結成されたコンソーシャムの軍門に下った．

モサデグ政権に対するクーデターのシナリオを作ったのは，米国国務長官のジョン・フォスター・ダレスとその弟でCIA長官のアレン・ダレスだったといわれる．ダレス兄弟は国防総省にも大きな影響力を持ち，また石油資本と密接な関係を有し，国際石油産業の再編を目指していた．

---

[6] 一橋大学後，2015年4月から東京理科大学イノベーション研究科教授．2012年に刊行された「出光興産百年史」の原稿を執筆．同執筆を踏まえて出光佐三の足跡を「出光佐三―黄金の奴隷たるなかれ」（ミネルヴァ書房，2012年6月）にまとめた．現国際大学学長．

[7] 1908年The Anglo-Persian Oil Company (APOC) として，イギリスに設立．1935年The Anglo-Iranian Oil Co. に改称．1954年BPに改称．

シナリオは，1953年8月スイスの秘密会議で最終的に書き上げられた．その会議にはダレス兄弟，ヘンダーソン米国大使，イラン国王の妹のアシュラフ王女が参加した．

同月，対モサデグ政権クーデターが実行された．クーデター前日，CIAの工作資金がミリー銀行経由でイランリヤルに換金されたことを，後日モサデグ首相は軍事法廷で証言しており，クーデターがCIAの関与によるものであることは明らかである．

さて本章の主題は，日章丸事件，モサデグ政権崩壊の国際石油情勢，あるいは

図表2：日昇丸事件前後の国際情勢（1950～56年）

	イギリス	イラン	アメリカ	日本
1950年	AIOC:イランと補足協定締結を議論			
		ラズマラ首相、AIOCとの補足協定への支持取り下げ	12月 アラムコ・サウジアラビア折半協定の成立発表	
1951年		3月 ラズマラ首相暗殺		
		3月 議会、石油産業国有化決議		
		4月28日 モサデグ首相任命		
	5月 イギリス、イラン石油国有化に関し国際司法裁判所に提訴	5月1日 石油国有化法案にシャー署名、同法施行		
	10月 労働党内閣退陣、チャーチル保守党内閣再登場	9月25日 モサデグ、英国人に1週間以内の退去命令	9月 アチソン国務長官:「イランの石油国有化を既成事実として認める」旨、発表	12月 日章丸就航
1952年	6月 イラン石油を積載したイタリア船ローズマリー号、アデンでイギリスに拿捕	10月イラン、対英国交断絶	10月アチソン国務長官 「将来米国の石油会社が自らの責任でイラン石油を購入することを米国政府は阻止できない」と発言	
1953年	3月 ヴェニス裁判所、AIOCによるローズマリー号積載のイラン石油仮処分の申し立てを却下		CIA クーデター画策	4月 日章丸アバダン入港 5月 川崎に寄港
		8月19日 モサデグ政権崩壊	9月ﾌｰｳﾞｧｰ調停工作に着手	5月9日 第1回公判 7月 AIOC 地裁本訴
	AIOCの操業を引き継ぐｺﾝｿｰｼｬﾑの結成を目指す			9月11日 東京高裁AIOCの控訴棄却
			11月 ｱｲｾﾞﾝﾊﾜｰ大統領当選	
	12月ｺﾝｿｰｼｬﾑ設立を協議（ロンドン会議）			
1954年			トルーマン大統領、司法捜査の打ち切りを発表。	
	4月 ｺﾝｿｰｼｬﾑ設立：AIOC40%、シェル14%、アメリカ5社40%、CFP6%			
	7月19日 イラン政府とｺﾝｿｰｼｬﾑ、石油協定に調印。9月29日シャー、協定に署名			
	協定により、イラン国営石油会社は同国の石油資源と石油施設を所有し、ｺﾝｿｰｼｬﾑは契約に従って、イランの石油産業を運営し、全生産物を購入する。			
	ｺﾝｿｰｼｬﾑ構成変更：AIOC40%、シェル14%、米国5社35%、CFP6%、米独立系9社5%			
		ｺﾝｿｰｼｬﾑの結成で、米国は英国に代わり、中東石油産業と中東政治に関し主役の地位に	司法長官：「イランでのｺﾝｿｰｼｬﾑ計画は米国の反トラスト法に違反しない」	
1955年				10月 出光社長、手島専務、訪米
1956年				8月 出光、ガルフ石油と長期原油購入契約締結

出典：ダニエル・ヤーギン著「石油の世紀」第23章（イランの石油闘争）他より筆者作成

国際石油カルテルへの影響を考えることである．その点に関しては，既述の通りクーデターの前と後で何が変わったかを見ることが手っ取り速い．結論から言えば，アングロ・イラニアン石油の権益が，国有化，コンソーシャムの形成を経て，100%から40%に削減された．そのことは，アメリカがイランに40%の権益を確保したことを意味する．

クーデター後，イランはザヘリ首相を中心にコンソーシャムの設立に必死に抵抗した．同首相はアングロ・イラニアン石油が管理者として復帰することを認めなかった．このことはイラン国民の国有化の願望が冷めていなかったことを示すものである．

しかしながら，9月ダレス国務長官から新しい任務を与えられたハーバート・フーヴァー元大統領は断交関係にあったイギリスとイランの調停に乗り出した．フーヴァーは両国の対立を利用し，様々な画策を行った．フーヴァーは米国の利益を最大限実現しようとし，5大石油会社を束ねてイランの一角に食い込もうとした．

設立されたコンソーシャムの構成は，当初アングロ・イラニアン石油40%，シェル14%，米国5社40%，CFP 6%であり，数ヵ月後アングロ・イラニアン石油40%，シェル14%，米国5社35%，CFP 6%，米国インデペンデント5%になった．

その点に関しては1954年2月米国政府がコンソーシャムの設立を促進するためにコンソーシャムを反トラスト法の適用除外としたことが大きい．アメリカは国家の意思としてイランの石油利権への介入を実現しようとしたのである．

このように見てくると日章丸事件の意義は，日本への石油供給ということから離れ，国際石油資本の支配態勢に僅かに風穴を開けたということ以上に，イギリスからアメリカへという覇者の変化過程におけるさざ波に過ぎなかったとの評価が可能となる．日章丸事件の成功は，アメリカのお目こぼしによるといっても過言ではない．大英帝国の後退という大きな流れの中でアメリカは，日章丸事件の帰趨を傍観した．

日章丸事件に先立ち，1951年10月イギリスでは労働党政権が退陣し，チャーチル率いる保守党内閣が再登場したが，アングロ・イラニアン石油の凋落を食い止めることはできなかった．

14

青年は何ものかをさがしつつある

1954年9月15日日経新聞に出光佐三氏は，「イラン石油の輸入で得たもの」と題する随想を投稿し，次のとおり述べている．

「日を経るにしたがって，全国津々浦々から激励の声が電報や手紙となって山と積まれた．ことに裁判勝訴の報伝わるや，その声は真剣さを加えてきた．私はこれを青年の声と感じた．日本の青年は何ものかをさがしつつある．それは何であるか？私は大きな謎を課せられたと深い興味をもってきた．青年は日本人とは何か，とさがし迷っている．まことに気の毒である．

一日も早くこの謎を解いて，進むべき目標を与えねばならぬ．君はうそつきだといわれ烈火のごとく憤る日本人，君はどろぼうだと言われて殴りかかる日本人，親の喜びを喜ぶ日本人，弟の出世にわが身を忘れる日本人，友の労苦を分かちうる日本人，積もり積もって祖先と祖国を忘れえない日本人――この血は青年の血管に十分に流れている．私の終戦後の経験に見るも，青年の望むもの利己ではない．もちろん給与でも，地位でも，名誉でもない．人のため，社会のため，大衆のためにはじめて生甲斐を感ずるのである．

この信念が，青年を生き生きとさせていることを私は知りえた．この尊い精神が，かつては尽忠報国の明治維新となり，明治の建国となったのである．敗戦という大打撃を受け，占領政策という枠からまだ抜け出し得ない政府に，青年の目標を示せというのは少々無理でもある．国民自身がこの目標を示すことが，民主主義でもあり義務でもある．青年は何ものかをさがしつつある．しかも，これが非常に真剣であるということを知ったのは，イラン石油の輸入でつかんだ大儲けである．（後略）繰りかえして言う．私にとって，損得をはるかに超越した大きな儲けは，日本人としての血の流れ，青年の純真な血管に流れていることを知り得たことである．」

筆者には佐三氏の心の底からの叫びのように聞こえるのだが．

第３章　ジャーナリズムの此岸と彼岸―OPEC総会報道から

インドネシアのOPEC復帰報道

2008年9月9日付け国際経済紙に，インドネシアのOPEC復帰に関する観測記事が掲載された．同記事によると，同国は6月のOPEC総会にも出席している．OPECは2008年9月の第149回定例総会で，2009年1月からインドネシアの加盟を停止することを決めた．アジア唯一の加盟国が一時的に消滅することになったが，その際OPECは新規油田開発によって将来同国の原油の輸出余力が回復した場合，再加盟を認める付帯決議を行っていた．

事務的にはインドネシアは，再加盟（一時資格停止の解除）を申請しており，申請書は加盟国間に回付されている．加盟各国に特段の反対はなく，12月の総会で公式に再加盟が承認された．

インドネシアの石油需給バランスは，2015年版BP統計によれば，2014年国内生産量85.2万B/D，消費量164.1万B/Dと自給率は50％強しかない．また，OPEC脱退後も探鉱・開発は進んでおらず，純輸入ポジションが解消する見込みはない．

そもそもOPECは，石油輸出国機構であり，「加盟国の石油政策の調整及び一元化，加盟国の利益を個別及び全体的に守るための最良の手段の決定」と，「国際石油市場における価格の安定を確保するための手段を講じること」を目的としている．また，加盟要件は，「加盟国と基本的利害を同じくすること」，「相当量の原油純輸出国であること」，「加盟国の4分の3以上の賛同」である．その点からは，インドネシアは加盟要件を再度充足した訳ではないが，加盟国を増やすことにより石油市場の安定化を目指すOPECの戦略に合致していることが，再加盟申請の背景と考えられた．一方，インドネシアには，OPECが保有する各種データ，情報にアクセスできるというメリットがあった．

OPECバリ島総会

インドネシアは加盟期間中OPECに対し多くの貢献を果たしてきた．個人的な経験であるが，インドネシアで開催されたOPEC総会に基づく経験を取り上げたい.

私にとって1980年12月と1994年11月，バリ島で開催されたバリ島総会（第59回及び第97回）は，いずれも忘れられない経験になった.

元読売新聞の編集委員であった新井光雄氏が，2008年6月日本エネルギー経済研究所の月刊誌のコラムに，「インドネシア，OPEC脱会への感傷」というタイトルで，1980年のバリ島総会の取材にまつわる話しを述懐している．以下に引用する.

> 「実はOPEC取材を初めて体験したのがインドネシアで開催された総会だった．バリ島で開かれた．会場は確かプルタミナの保養施設のようなところ．南国情緒豊かな総会だった．とはいえ，その情緒を味わう余裕はない．なにせ，初めてのOPEC取材．どんな結論にせよ新聞一面トップが約束されているのだから．興奮状態，緊張した．事実，映像的な記憶は総会会場と宿泊先のホテルだけという感じだ．仕事のことでは電話事情が極めて悪く，各社で電話の取り合いになってごたごたした場面が思い出される.
>
> それに取材光景．通常，OPEC総会はホテルで開かれるのが常識．この会場はホテル的な施設だが，コテッジが何十とあるような形式で，関係閣僚がどこから出入りするのか不明．…忘れようにも忘れられない総会だった．今をさること30年近く前の1980年のことである．(後略)」

新井記者がこう振り返った1980年バリ島総会は，結果的に次の点を決めた.

第59回OPEC総会コミュニケ
(1980年12月16日バリ)

第59回OPEC総会は，1980年12月15及び16の両日，インドネシアのバリにおいて開催された．インドネシア共和国のスハルト大統領閣下が演説を行い，公式に総会を開会した．(中略)

総会は，第52回経済委員会の報告書をレビューした後，石油市場情勢に基づき，次のとおり決定した.

(a) 基準原油（アラビアン・ライトAPI34度ラスタヌラ積み）の公式価格をバレル当り32米ドルに設定する.

(b) OPEC原油価格（複数）は，看做し基準原油の上限価格である36米ドル/バレルを基礎に設定されうる.

(c) OPEC原油の最高価格をバレル当たり41米ドルに設定する．

総会は，スハルト・インドネシア共和国大統領閣下がその開会の辞において現在紛争中にある二つの加盟国，即ちイラン，イラクに対して行った立場の相違の平和的解決につながるような最良の紛争解決法を早急に探求することを求める真摯にして且つ実直な訴えをエンドースした．(後略)

さて，本コミュニケに関して，「看做し基準原油」は説明を要するだろう．32ドルを基準原油価格とするが，国によっては，36ドルを上限とする（36ドルを基準価格とみなす）という二重価格が認められたのである．穏健派が強硬派に押し切られ合意は得られなかったが，組織として分裂を回避するため苦肉の策がとられたのが，バリ島総会であった．

1980年の話しである．通信手段の基本はテレックスと電話であり，いまだファックスすら実用化されていなかった．パソコン通信が石油産業に登場するのは，10年以上後のことである．加えて新井記者が書いているとおり，通信事情はすこぶる悪かった．

「コミュニケが出た」との第一報が，外電で流れた．ほぼ同時に，事務所の電話が鳴った．私が電話に出ると，取材でバリ島に出張していた先輩からの電話だった．先輩は，コミュニケを冒頭から読み上げた．私が行なったのは，文字どおり口述筆記である．

私が書きなぐったコミュニケを同僚が清書していく．「何だ，これは．Deemed marker price」誰もそんな言葉は知らなかった．先輩は一度ならず，スペルアウトしてくれたので，「Deemed marker price」であることは間違いない．課長が「これは32ドルを基準とするが，36ドルを基準としたい国があれば，36ドルを基準原油価格にみなすという意味だろう」と解釈した．一同で議論して，「見做し基準原油価格」という訳語を充てた．部長がエネルギー記者クラブで，その旨報告し，翌日の経済面にも「見做し基準原油価格」という活字が躍った．

一週間程経って，バリ島総会を取材した先輩が帰国した．先輩は幹部への報告を行った後，私には「バリ島雑記帳」という手書きのメモをお土産にくれた．そこには次のようなことが書かれていた．

「13日昼間激しいスコールがあった．空港からホテルまでの道は，大きなヤシの木々が生い茂る中をデコボコの簡易舗装道路が走りアヒルが遊び，元は清らかな水が流れていたであろう小川では，男が裸で身体を洗っている．情報伝達合戦の舞台としては，これはかなり場違いな感じで大変なことにな

るぞ，との予感を与えた．プレスセンターには鉄骨に日覆いがあるだけのテレックス設備，電話設備があった．… (中略)

14 日ホテルでの記者会見後，19:00 前に国際電話を申し込んだが，通じたのは 22 時半を過ぎていた．… (後略)」

先輩社員が後進社員の育成に心を砕き，垂範率先し，後輩は先輩のいうことをいつの間にか咀嚼し，独り立ちしていく．高度経済成長期は終わっていたが，そのスタイルがまだ残っていた頃の話しである．

私は，取材もさることながら，取材報告ではカバーできない情報を雑記帳としてまとめる人間としての容量を涵養しながら仕事に取り組まねばならないと考えたことを覚えている．

雑記帳の中に，AP ダウジョーンズのジェームス・タナー 氏に関する記述があった．先輩は，私がタナー記者を尊敬していることを知っていたのかも知れない．雑記帳には，「12 月 14 日総会前日午後，プレスセンターに詰めているとジェームズ・タナー氏がいたので，表敬の挨拶をした．初老の温厚な紳士だ」とあった．私はいつか，OPEC 総会の取材を行う機会があれば，まずタナー氏に挨拶しようと決めた．因みに，雑記帳には，総会後の記者会見の模様は，次のように書かれていた．

「16 日総会最終日，12:00 前，事務局より間もなくオルティス事務局長の記者会見がある旨，通報があった．立ちん棒で待つこと 2 時間半，14:30 頃やっと総会会場に入場．暫くしてオルティスのコミュニケ読み上げが始まる．半ば以上読んだところでコミュニケが積まれてあるのを見つけて飛びつく．一目散にプレスセンターへ走る．ショルダーバックとカメラが邪魔だ．センターの係員にコレクトコールを申し込み，息を整えてコミュニケを読む．日本人記者の誰かはコニュミケを奪い合って破れてしまった由．電話がつながり，コミュニケを読み上げる．30 分以上かかったと思う．……日本人記者たちは原稿を書き上げた人から電話している．」

タナー記者とのこと

タナー記者に初めて会ったのは，1992 年の総会のいずれかだと思う．私は，1991 年 11 月の総会を皮切りに，延べ 17 回 OPEC 総会を取材した．また，1993

年にはタナー氏と取材活動の合間でお茶を飲む間柄になっていたので，1992年の5月か11月の総会で，自己紹介を行う機会を得たのだろうと思う．

総会のぶら下がり取材の合間にタナー氏からは色々なことを学んだ．1994年のバリ島総会で，1980年バリ島総会との違いと質問すると，

> 「前回バリ島総会のことはよく覚えている．何しろ，同年の9月にイラン・イラク戦争が勃発し，いくつかのOPEC関連会議が流会となった後の，初めてのOPEC会議であった．どこへ行っても銃をもった兵士がいて，自由に取材ができなかった．通常隣同士で席に着くイランとイラク代表団の間に割って入る等，インドネシアにはホスト国としての苦労が感じられた．イランは，また戦場で捕虜になったトンドグヤン石油相の額縁入り写真を代表団長の席に据えたりもした．
>
> それに比べれば，今回の総会は非常にオープンである．私は今回隣りのホテルに泊まっており，今日は海岸伝いに会場に来たが，前回はそういうわけには行かなかった．
>
> 前回バリ島総会で，OPEC基準原油価格は32ドルになったが，サウジアラビア以外の加盟国は基準価格を36ドルと見做して，さらに5ドルの価格差を設定した．北アフリカ原油はそこで頂点を極めた．しかし，その後訪れたのは断崖あり，OPECは今なお，その際犯した価格政策の失敗のツケを払っているともいえる．」

とのコメントをくれた．

記者の育て方の違い

最後にタナー氏と会ったのは，1996年6月第100回総会であった．その後，私は，OPEC総会の取材を行うことがなく，タナー氏と会うこともなくなったが，タナー氏は最後まで自分で記事を書くことを楽しんでいたように思う．

OPECの取材をしながら，私は新聞記者ではないにも拘らず，ほとんど記者諸兄と行動を共にしたため，ジャーナリズムについて考えるところがあった．

私が一番関心を持ったのは，欧米の記者と日本の記者の取り組みの違いであった．よくも悪しくも，日本人記者は特ダネをとることにそれ程拘っていなかった．単独インタビューを行うよりは，各社が報じたことは自分でも必ずフォローする（特オチはしない）ということの方に，力点を置いているように受け取られ

た．また，欧米の記者の中にはタナー氏のように石油・エネルギー専門記者のような人は珍しくなかったが，日本では，経済部所属の記者（ロンドン駐在員）が，OPEC 総会をフォローしていた．私が OPEC 総会の取材をしていた頃は，朝日，読売，毎日，日経，共同通信，時事通信，NHK の経済担当記者（ロンドン駐在員）が OPEC 総会をフォローしていた．

私が敬服したのは，経済記者であるので，あるときは，欧州統合の経済的側面，あるいは国際捕鯨問題や地球温暖化問題をまとめながら，OPEC，石油問題をカバーしていることであった．しかも，全て一定の水準を維持しながら．

実例を挙げよう．こんなことさえあった．1992 年 11 月のことである．

総会は 11 月 25 日から 27 日にウィーンで開催された．総会の経過，及び結果とその評価を記者がまとめたことはいうまでもない．その記者は 26 日深夜 11 時過ぎまで私と一緒に，ロビーでぶら下がりを行い，11 時過ぎにお互いの部屋に戻り，27 日朝 8 時にはまた OPEC 事務局でぶら下がりを始めたのだが，その間，「『会議は踊る』のホールも全焼：ウィーン王宮火災」という見出しで記名記事を送っていた．

「会議は踊る」のホールも全焼：ウィーン王宮火災

（ウィーン 27 日 SK 記者）

ハプスブルク家の居城だったウィーンのホーフブルク王宮で 27 日未明発生した火災は,「会議は踊る」で有名なウィーン会議の舞台となったレドゥーテン・ホールを全焼, 国立図書館の一部を焼いて鎮火した．被害額は数億シリング(数十億円）以上と推定される．

「OPEC 生産枠 2,458 万 B/D に」

（ウィーン 27 日 SK 記者）

ウィーンで開かれていた OPEC 総会は 27 日, 来年 1〜3 月期の原油生産枠を, 脱退するエクアドルを除く 12 カ国合計で 2,458 万 B/D とすることで合意，閉幕した．

12 カ国の現在の生産量である約 2,500 万 B/D から約 40 万 B/D 減産するもので，OPEC はこの措置で，18 ドル台に低迷している原油価格の底上げを図りたい考え．市況回復を急ぐため, 同合意を 12 月 1 日から前倒しして実施する．市場関係者は,「原油価格は今後, ゆるやかに上昇する」と判断している（後略）．

同記者は，11時過ぎに私と別れた後，ホーフブルグ宮殿火事の連絡を受け，取材を実施，記事を本社に送っていたのである．

また，1992年5月21〜22日OPECの取材を共にしたロンドン駐在経済記者は，6月2日に予定されていたマースリヒト条約批准に関する国民投票の経済的側面への影響に関する取材をコペンハーゲンで終えてウィーン入りし，OPEC総会取材後は，直ちに，国際捕鯨委員会の総会をフォローするためにオスロに向かった．彼の頭の中はEU統合，OPEC，捕鯨問題が高度な段階で整理されており，さらに，突発事故があれば，王室関連トピックスも手掛けることもあるのである．しかも人格的に誰もが尊敬できる．私には皆がスーパーマンに見えた．

しかし，一方で私は，タナー氏の生き方に，より共感を覚えたのも確かである．

要は，記者の育て方，記事のとりまとめ態勢の違いであって，どちらがいいという問題ではない．しかし，日本の記者はどれほど優秀であっても，タナー氏の境地には到達するのは難しいと思われた．私にとって，タナー氏の記事のあるものは，単なる新聞記事でなく，報道を超越した見識，さらには文明論というべき境地を示していた．

タナー氏は，あるとき，「1973年以前の総会では代表団一同と記者団が同じホテルに泊まり，警備はそれ程厳しくなかった．大変アットホームな形で一緒に食事などをしながら，インタビューに応じてくれたりした．ところが，1975年にテロリスト・カルロスが総会に押し入り，ヤマニ石油相らを人質に取るという事件（OPEC襲撃事件）[9]があり，その時以来警備が一段と厳しくなった」ことを教えてくれた．

今日のようにジャーナリストと石油相が分断されていることは，石油相，ジャーナリスの，果たしてどちらにとって，より不幸なことなのだろうか，大いに考えさせられるテーマである．

時代との格闘

私がタナー氏の記事に最初に打たれたのは，1980年12月12日の記名記事である．残念ながら，原文は保管しておらず，手元にあるのは，私が訳出した和文のコピーだけである．

---

[9] ベネズエラ出身のテロリスト・カルロスら6人が1975年12月21日，閣僚会議開催中のOPEC本部を襲撃し，警備の警官と銃撃後，多数を人質にした事件．

「1980年12月12日ニューヨーク発APダウジョーンズ電
J. タナー氏記名記事要旨

OPEC石油相は，イラン・イラク戦争勃発以来初めての会議を行う．同会議はOPECが組織としての機能を維持できる否か，初めての試練になるだろう．皮肉な言い方をすれば，OPECの分裂は消費国側の利益にならないとの認識が，OPECへの支持を高めている．

価格は下がらないとの見通しは多くの専門家の一致するところである．実際，OPECは強硬派によって価格規制の全面解除を求められている．（中略）

総会でいかなる値上げの決定がなされようとも，値上げは小幅なものになるだろう．原油スポット価格は現在戦争勃発直後の急騰からは鎮静化している．在庫は依然高水準を維持しており，ヤマニ石油相はOPEC内反対派に対して，再び供給過剰事態が到来しつつある旨，警告している．

いずれにしても各国石油相はOPECが依然機能していることを示すために，何らかの価格決定の必要を感じていよう．新たな緊張要因のためOPECはバリ島において，もはやカルテルとして機能しないことを暴露するかも知れない．しかし，OPECがカルテルとして機能したことは，これまで一度としてなかったのだが….

最後の文章に打たれて，私はその後暫く，「OPECがカルテルとして機能したことは果たしてあったか」の命題の中にいた．

報道の使命は既に完了しているのだが，しかしながら，報じられた事実を超えて，書かれた記事の境地が忘れられない．

既に完結した報道を改めて振り返ろうとする衝動は，どこから来るのか．私には，それは時代と格闘したジャーナリストに対する敬意からと思われるのだが．

第4章　同じ時刻　同じ場所で

私は，石油産業動向の調査・分析を生業としてきたが，その中で最も興味を持ったのは，米国石油会社の企業戦略であった．同テーマに関しては所属機関や関連機関が組織した調査団への参加に加え，単独で調査を実施したものもある．調査の性格上，公表できないものの方が多いが，とはいえ，私が書きたいのは，もはや過去のものになった企業戦略の残骸ではなく，そのときどきに面談した人達の生き様であり，今も思い出すことがある発言のいくつかである．本章で扱うことも，私の意識の中ではそうした内容と軌を一にしている．

1986年7月

その日，私はニューヨークに来ていた．所属機関から派遣された総勢7名からなる米国石油事情調査団に，末席団員（事務局）として参加していた．同調査団は，元売会社の代表権をもつ役員を団長に，入社14～15年の中堅社員を団員とするという変則的な構成で，団員は年齢が近かったこともあり，よく学び，よく遊んだ．

その日，私は精製専業会社の団員2人と，夕方7時過ぎにニューヨーク6番街，51丁目当りを歩いていた．ホテルは53丁目にあった．夕食を48丁目の韓国レストランで済ませ，ホテルに戻る途中であった．丁度，相撲の千秋楽の西方の三役揃い踏みの布陣（守りの布陣）といえばいいだろうか．同行者の2名が前を歩き，私は彼らの後ろを何か考えながら歩いていた．

突然，私の足元で，ガシャンとガラスの割れる音がした．足元のポリ袋の中から無色透明の液体（水だったのだろう）が流れ出ていた．

“—broken—, we —enjoy — drink —wine—”

要は，「これから飲もうと思っていたのに割れてしまった」という声が，私の頭上から聞こえた．目を上げると，1 m 90 cm はある2人の黒人が，私にではなく，お互いに話していた．

状況は，彼らがこれから飲もうとしていたワイン2本を入れたポリ袋が，行き違った日本人の足に当たり落下し，割れてしまった，ということのようだった．

私は，「オー・アイム・ソーリー」とは言った．しかし，私は，私の落ち度というより，彼らの落ち度と感じており，弁償せねばならないという認識は一切なかった．

事実，彼らは既述のとおり，彼ら同士で「割れちゃたぞ，どうしよう」というトーンで話しており，私の不注意が原因でことが起きたという対応ではなかった．

前を歩いていた二人が出来事に気づき，戻って来た．3 人対 2 人という関係も重要だったかも知れない．黒人 2 人の態度は紳士的であった．

私は，彼らに好感を持った．私は言った．「割れてしまったのは遺憾であるが，原因は私だけにあるのではない（The cause is not all in my side)」私は，彼らも話し合いながら歩いていたのであり，むしろ彼らの（一歩譲っても双方の）前方不注意であった」と手振り身振りを交えて説明した．彼らは，非は当方にあり弁償しろとは，一切言わなかった．

私は，「このワインはいくらだったか」と聞いた．彼らは「トウェンティー・ダラー・イーチ（一本 20 ドル)」と答えた．私は高いなとは思ったが，「2 本で 40 ドルですね．私はワインが割れたのは遺憾に思うが，原因は私だけにあるのではない．よって，半分の 20 ドルを払おう」というと，彼らは，了解した．

私は二人に 10 ドル札 2 枚を渡し，それぞれと握手して，別れた．彼らは六番街をダウンタウン方面（南）に向い，我々はアップタウン方面（北）に向った．

翌日，ニューヨークを後にしていれば，この話しはそれで終わりであり，昨日の出来事も，筆者の記憶に止まることはなかった．

しかし，翌日，ほぼ同時刻，同じ場所で，同じ事態が起きた．前日，私の前を歩いていた一人が，同様の手口に会い，同じような風体の黒人二人連れに，ワインを足元に落とされたのである，同僚の反応は早かった．2 人対 1 人という状況の違いもある．彼は，「相場は 10 ドル」と言い放って相手に 10 ドル札を握らせるや否や，六番街を車の間を走り抜けて横断することで，その場を逃れた．要は，そうした観光客目当ての新たな手口がニューヨークに出現したのである．

帰国後の翌週，団員の一人が筆者の事務所を訪れ，何もいわずに，机の上に，開かれたままのニューズウィーク誌日本語版[10] をポンと置いた．そこには，「最近はやりの詐欺」という見出しで，件の手口が紹介され，「ニューヨークでは，通りを行く日本人観光客にわざとぶつかって安ワインのボトルを落とし，『高級ワインだ，弁償しろ』と金をせびる手口が多発．面倒を避けたいあまり，言われ

[10] 日本語版 1989 年 8 月 17/24 日合併号（英語版オリジナル 1989 年 8 月 14 日号)．．

た以上の金を出す日本人もいる」とあった[11].

私は二重に腹が立った．そうした手口に簡単に引っかかる自分の甘さと，20ドルせしめられたことに気付かず，握手をして別れるような人の良さ（＝馬鹿さ加減）に対してである．家族は，いつものように「騙すよりは騙される方がいい」と言って慰めてくれたが，今にして思うと，私は，その後，生き方が確実に変わったように思う．まず，海外では歩くスピードが確実に速くなった．特に一人で歩くときは，通常のニューヨーカーよりもむしろ速く歩くようになった．その習性は，その後経験した5年間のイギリス勤務時代でも変わらなかった．

それにしても，彼らは握手までして20ドルを払った東洋人を，視界の外に出るや否や，おそらく二人同時に大笑いしたことだろう．それを思うと，暫くは本当に腹が立った．

さらに追い討ちをかけるように，団員の中にはいなかったが，会社の中には，事実を知ろうとはせずに，「須藤は賠償すべき金額を半分に値切った」と揶揄するような雰囲気が一時期流れたことは不愉快の極みであった．「ネズミ男」ならぬ，「値切り男」というのである．

もっとも，団長だけは，「何もことを構えず，主張すべきを主張した」として，私の対応を是とし，帰国後の評価も変わらなかった．私の団長に対する，これからも変わることはない尊敬は，その一点から発している．どれほど立派な業績を上げられた人であれ，敬意は共通の経験からしか生れるはずがないように思う．

団長に関しては，こういうこともあった．そのときの調査団は，まずワシントンから日程をスタートし，週末ニューヨークに移動，翌週ニューヨークでの日程を消化してヒューストンに向かうというものであったが，こうした行程の場合は，ワシントンへは全日空便の直行便を利用するのが常であった．朝成田を発つと，時差の関係で同じの日の朝ワシントンに着く．したがって体調さえ許せば，その日の午後からでも仕事を行うことができる．その時の調査団は，そのようにしてしまった．

午後の訪問先で面談を終えると訪問先の社長が，当日の夜ディナーに招待したいと申し出られ，団員一同で受けることになった．ベリーダンスを見せるアラビアレストランであった．一同テーブルではなく，絨毯の上に座り，背もたれによりかかるというような構造の店だったと記憶する．

---

[11] 原文は，“Latest Scam: New York conmen who bump into Japanese tourists and drop bottles of cheap wine at their feet, then claim the wine was very expensive. Eager to avoid a scene, Japanese will sometimes hand over more money than the crook is asking for.” である．

しかも，照明は暗い．そこで私は不覚にも眠りに落ちた．団員の誰かの，「おい．起きろ」という声を何度も聞いたようにも記憶するが，とにかく私はそのレストランではほとんど眠りに落ちていた．fall to sleep とはよく言ったものだ．「落ちる」という感覚は洋の東西を問わないのだろう．後で聞いたことであるが，団長は私が寝ていることに気付いていたが，団員が私を起こそうとしたときに，「須藤は皆が寝ているときに仕事しているのだから，寝かせておけ」と言って下さったそうである．私はそのレストランではほとんど何も食べなかったし，飲まなかったように思う．入店後，かなり早いタイミングで眠りに落ち，ただひたすら眠りに落ちていたように思う．

しかし後日，その日のことに話しが及ぶと，招待してくれた調査会社社長は，「須藤はずっと寝ていたが，ベリーダンスのときだけは目を見開いて見ていた」と言い，何度となく私をからかった．正直にいうが，私にはベリーダンスの時に目を覚ましたかどうかの記憶すらもなかった．

団長はその後，私の所属機関の会長になられた．当時私は在外におり，新会長の薫陶を直接仰ぎながら仕事する機会を得ることができなかったことが，今さらながら残念でならない．

1993 年 11 月

話しは続く．タイトルを「同じ時刻，同じ場所で」とした所以である．

話しは 1986 年 7 月から，7 年下る．1993 年 11 月某日，午後 6 時過ぎ，私は家内と二人で，ニューヨーク 6 番街 51 丁目辺りを歩いていた．ブロードウェーの劇場の一つで 7 時からキャッツを見る予定であった．

52 丁目の方向から，ポリ袋をもったプエルトリコ人とみえる若い男が一人，我々の方に向って歩いて来た．我々は右に家内，左に私という形であったが，相手は我々の右，即ち，家内とすれ違う形でこちらに向ってきた．ポリ袋の白さが，7 年前のことを思い出させた．場所も時間もほぼ同じだ．私は家内に私の左に来るように言った．

男が近づいて来る．行き違うその瞬間，私は左足を前にスキップをした，バスケットボールのフェイントの要領である．その結果，私とプエルトリコ人は全く接触することがなかったにも拘らず，彼はポリ袋を落とした．

私は家内の手を引き，早足で 52 丁目方面に向った．52 丁目の信号が赤に変わり我々は立ち止まる．後ろから，プエルトルコ人が小さな声で「エクスキューズミー」と呼び掛けてきた．私は，7年前に，言ったことを思い出しながら，明快に言うことができた．「すべて，あなたがやったこと！」

翻訳週刊誌の洋の東西

ニューズウィークの当該号を比較すると，いくつかのことを考えざるを得ない．要はオリジナルの英文記事と日本語訳の記事は，ニュアンスが異なることが往々にしてあるが，そのことを当該記事はかなり強く感じさせる．

この記事では日本人観光客は，ある意味でかなりコケにされている．今にして思えば，当時の日本人は全体としてコケにされても仕様がない行動をしていたのだろう．反省すべき点もかなりあり，顧みれば，2010年代に流行した中国人観光客の爆買いを笑うことはできない．

例えば，当該記事にはこうある．

- 勤勉なる国民に，もっと休暇を固めて取ろうと呼びかけている．国家的要請とあれば，日本人は勇んで立ち上がる．かくてOLという名の女性軍団を先頭に，勤勉な日本人は勤勉に海外旅行に励みはじめた．

あるいは，

- 貿易大国たるもの，行く先々で母国の文化を再現しようとするのが常．イギリス人はインドでクリケットを楽しんだし，アメリカ人は砂漠の国に行っても専用プールを欲しがる．それと同じで，日本人はパリでも寿司を

写真3：ニューズウィーク（日本語版1989年8月17/24日合併号）表紙

食べている（中略）．あこがれのパリにも，今は寿司屋もあればそば屋もある．

日本人がコケにされていると感じるのが私の僻みに起因するのでなければいいのだが，図表3に日本語版と英語版の双方[12]を引用するので，読み比べていただきたい．それにしても，英語版に掲載された観光客の写真が私だったら，ニューズウィーク誌を訴えていたかもしれない．中にはさすがに日本語版では差し障りがあると判断されたか，いくつかの写真の掲載は割愛されている．

幾枚かの写真は，明らかに当該観光客をコケにし，説明の言葉の端々には侮蔑が満ちている．いま読み返しても腹が立つ程だが，今となっては，日本人は既にこうした茶々を入れられない経済力を身につけたのだろうから，過去のこととすべきなのか．

[12] 日本語版 1989 年 8 月 17/24 日合併号（英語版オリジナル 1989 年 8 月 14 日号）

図表 3：ニューズ・ウィーク誌英語版と日本語版の比較
（1989 年 8 月 14 日号 vs 1989 年 8 月 17/24 合併号）

	英　語　版 1989年8月14日号	日　本　語　版 1989年8月17/24日合併号
表紙 タイトル	Japanese Invasion Tourists, Tourists Everywhere	どこへ行っても日本人 —海外旅行ブーム—
見出し	A Yen to Travel	観光客を輸出せよ
リード	The Japanese have discovered a hot new export commodity-themselves（日本人は熱く新しい輸出産品を発見した。それは自分自身。）	黒字解消と労働時間短縮の国是に身銭を切ってひた走るリッチな日本人
主文	The rulers of the Japan Inc. have thrown their energies behind a campaign to convince Japanese they have better things to do than their lives making the international balance of payments even more dangerously lopsiders. They need to see how the rest of the world lives, understand other cultures and, not least, show the country's trading partners that Japan knows how to spend money as well as earn it. In short, they need to become Japan's hot new export: tourists.	国際収支の黒字を危険なほどに膨らませるだけが能じゃない。ニッポン株式会社の首脳陣は、いま必死で国民にそう説いている。異国の人々の暮らしに触れ、異質な文化を理解しなくては。そして、ここが大事なのだが、日本人は金儲けだけでなく金の使い方も心得ていることを、日本の「お客さま」である諸外国に知ってもらわなければ。いまニッポン株式会社は、新たな輸出品を必要としている。その名は、観光客である。
本　文　掲　載　写　真		
1枚目	We'll always have Paris: Getting the sights on film to show the folks back home.	新婚夫婦は地図を片手にパリの街を散策
	（日本語版9枚目に対応。同一写真）	（英語版では10枚目に掲載。同一写真）
2枚目	When in Thailand, do as the Thais do: Blending in with the Bangkok scene.	若い女性はニューヨークの黒人街ハーレムで堂々と食事をする
	（コケ扱いの極み。さすがに日本語版には掲載されず）	（英語版では3枚目に掲載。写真は異なる）
3枚目	Prodigious students on their cultures: At a soul-food restaurant in Harlem	ワイキキの浜辺に出れば、仕事のことなどすっかり忘れてしまう
	（日本語版2枚目に対応するが、写真は異なる）	（英語版7枚目に掲載）
4枚目	Growing recognition that there's more to life than miso and soy sauce: A boat trip on the Seine.	観光客が集まっても金を落としていかないのがオーストラリアの悩みのタネ
	（日本語版5枚目に対応。同一写真）	（英語版5枚目に掲載。同一写真）
5枚目	The best things Down Under are remarkably often free: Checking out the surf in Australia.	あこがれのパリにも、今は寿司屋もあればそば屋もある
	（日本語版4枚目に対応。同一写真）	（英語版4枚目に掲載。同一写真）
6枚目	Don't forget to bring back presents: The crush at Narita airport.	せんべつをもらった以上、土産を買って帰るのは義務に等しい
	（日本語版6枚目に対応。写真は異なる）	（英語版6枚目に掲載。写真は異なる）
7枚目	Who's minding the office? Soaking in the sun at Waikiki.	極端な場合、ブランド品は日本の半額で買える。これなら「買わなきゃ損」だ（パリで）
	（日本語版3枚目に対応。同一写真）	（英語版8枚目に掲載。写真は異なる）
8枚目	A feminine touch: Browsing in London's Regent Street.	コアラやカンガルーがいて、何といっても時差が少ないのがオーストラリアの強み
	（日本語版7枚目に対応。写真は異なる）	（英語版8枚目に掲載。同一写真）
9枚目	Cute marsuplals and hardly any jet lag: At a wildlife park in Sydney	カメラは日本人観光客の必需品だが、今は「財布」のほうが目立つ
	（日本語版10枚目に対応。同一写真）	（英語版1枚目に掲載。同一写真）
10枚目	Increasingly bold explorars; Finding their own way in Paris	—
	（日本語版1枚目に対応。同一写真）	

＊：英語版本文には写真が10枚、日本語版には写真が9枚掲載されている（共に、コラム欄掲載の2枚を除く）。

第5章　沙漠に消えた石油収入―リビアの場合

石油産業動向の調査に携わる中で，色々な産油国の調査を経験した．中には石油産業と直接関係ない点も含まれるが，産油国リビアの事情をできるだけ客観的に書き留めてみたい．

セイフル・イスラム・ビン・カダフィ

リビアの元首，カダフィの後継者と見られていたセイフル・イスラム・ビン・カダフィ氏とは心ならずも小一時間時間を共にしたことがある．

氏が2004年5月来日したときのことで，筑紫哲也氏がキャスターをしていたテレビ番組に彼が出演する直前の1時間である．場所は，帝国ホテルのスイートルームであった．

当日，事務所で帰宅の準備をしていると，電話が鳴り，「1時間程時間が空いてしまったので，セイフルの相手をせよ」との指示が入った．当時私は国際協力を行う財団法人に所属しており，私の同僚がセイフルのアテンドをしていた．

指示された部屋のドアをノックすると秘書が出てきた．

日本訪問の印象から話しは始まり，話しは絵画，サッカーなどに及んだ．話しはそれなりに面白かった．40分ほど経過すると，テレビ局に案内する者が迎えに来た．別れ際に出版社の記者が，ツーショットの写真を撮ってくれた．記者は後で現像して送るが，この写真があれば空港でも通関でもフリーパスになると言った．

「冗談も休み休み言え」とはこのことだ．反カダフィ陣営に後ろから狙撃して下さいと宣言しているようなものではないか．私は記者のセンスを疑うとともに，氏の無事を祈らずにはいられなかった．

筑紫氏の番組は，通訳との機器の接続状態が悪く，英語でのインタビューになった．筑紫氏には突然のことで気の毒だったが，英語はセイフルの方が上手だった．

リビアの婦人警官

リビアには1990年代に3回出掛けた．その内の2回はコリンシアホテルに宿泊した．東京でいえば，帝国ホテルである．首都トリポリの中心に位置し，地中海が眼下に広がる高台に位置する白亜の5スターのホテルである．その内の1度は，ちょうどアフリカ内相会議があり，各国の内相が宿泊していた．中には，夫人同伴の内相も何人かいた．その夫人の警護のためホテルには婦人警官が何人か配置されていた．

中東地域論が専門の筑波大学の塩尻和子教授によれば，カダフィが全身緑色の制服を着た女性をボディガードとして従えていたことはよく知られており，ヨーロッパのメディアは古代ギリシァの伝説的女性軍団になぞらえて「アマゾネス軍団」と揶揄している．トリポリ市内にある女子警察士官学校は若い女性にとって最難関校の一つであり，カーキ色の制服は憧れの的だった．

さて，その婦人警官である．ロビーに入るには厳重なセキュリティーチェックがあった．しかし私は宿泊者だ．宿泊者の正当な権利で私は必要以上にロビーで時間を過ごし，内相と夫人たちの行動を観察した．

婦人警官の一人が，おそらく私を不審者と見たのだろう，話しかけてきた．挨拶をし，私が宿泊の目的を話すと安心したと見えたので，私は言った．「実はリビアの女性と話しをするのは初めてですが，リビアの女性は皆あなたのように美しいのですか？」，すると婦人警官は，「美しい同僚は何人もいる」と言って，二人の同僚を連れてきた．

雑談の後で，私は写真を撮ってもいいかと尋ねた．緊張の一瞬―，「どうぞ」

写真4：リビアの婦人警官

「いいわよ」こうしたやり取りの結果，撮影した一枚がこの写真4である．当時駐リビア特命全権大使をされていた塩尻宏大使に経緯を話し，一葉写真を進呈した．その写真が奥様である塩尻和子教授の目に留まり，「リビアを知るための60章」[13] に掲載されたのはこうした経緯からである．

私は，トリポリ訪問の際，必ず同じ場所で写真を撮影していた．トリポリ国際空港から北進した道が海岸道路に合流する，トリポリ市の西の入り口辺りのロータリーである．そこにはリビア革命を記念するモニュメントが掲げられていた．私の撮影は2009年39周年の写真が最後になった．その後私はトリポリを訪れる機会はなく，カダフィ体制は42年目の2012年5月に崩壊したからである．

写真5：リビア革命38周年（トリポリ市内，2008年2月）

石油産業の中のリビア

リビアは，1949年の国連決議により，1951年にキレナイカ，トリポリタニア，フェッザーン3州の連邦制による連合王国として独立した．独立後，キレナイカの首長だったイドリース1世が国王に即位，1963年に連邦制は廃止され，リビア王国が成立した．

独立前のリビアは農牧業を主産業とした農業国だったが，1955年から油田開発が進められ，1959年に初めて油田が発見された．王政時代はオクシデンタル・

[13] 「リビアを知るための60章」（明石書店，2006年8月）第50章「女性の立場」P.251参照．

ペトロリウム社などの米国の独立系石油会社により石油開発が進められたが，1969年リビア革命により石油利権は国有化された．

1960年代は国際石油カルテルの時代，1970年代はOPECの時代，1980年代は消費国の時代，1990年代は市場の時代とはよく言われることであるが，こうした大きな流れの中で，石油産業史的には1970年代の「OPECの時代」の扉を開いたのはリビアだった．

OPECは1960年9月に創設されたが，1960年代は鳴かず飛ばずの状態が続いた．換言すれば，1973年第一次石油危機の勃発までは国際石油カルテルは貫徹していたのである．

国際石油カルテルに最初の綻びが生じたのはリビアにおいてである．1960年代リビアでは米国オキシデンタル社が開発に成功したが，同社はリビア以外には石油利権を有していなかった．

1969年将校グループが無血クーデターでイドリース王朝を倒し，カダフィ政権が成立した．カダフィはオキシデンタル社の経営上の脆弱性を見抜き，公示価格と所得税率の値上げを勝ち取ったOPEC最初の加盟国となった，1970年9月のことである．

栄光あるOPECの成果の第一号は，OPEC創設者として評価されるアルフォンソ石油相のベネズエラでもなく，タリキ石油相のサウジアラビアでもなく，カダフィのリビアによりもたらされたのである．

リビアは1960年代に順調に原油生産を伸ばし，1970年には日量332万バレル

写真6：リビア革命記念日（1969年9月1日）

に生産を伸ばした.

リビア原油の特徴は良質な性状にある．代表油種であるズエチナやシルティカは，いずれもAPI40度を超え，ガソリン得率が30％を大きく上回る超軽質原油である．こういう原油であるから，OPEC原油の中では常に最高価格が付与された.

1970年代を通じて，OPECの中堅産油国としてリビアは一定の発言力を行使した．価格政策に関しては強硬派として知られる．1980年12月の公式販売価格は41ドルに達した.

リビアの原油生産動向を概観すると，1970年前後は日量300万バレルを誇る有数のOPEC産油国であった．その後，1990年代は国連と米国による制裁で，生産量は伸び悩み，2010年のリビアの政変前の原油生産量は日量166万バレルであった.

図表4：リビア原油生産量の推移

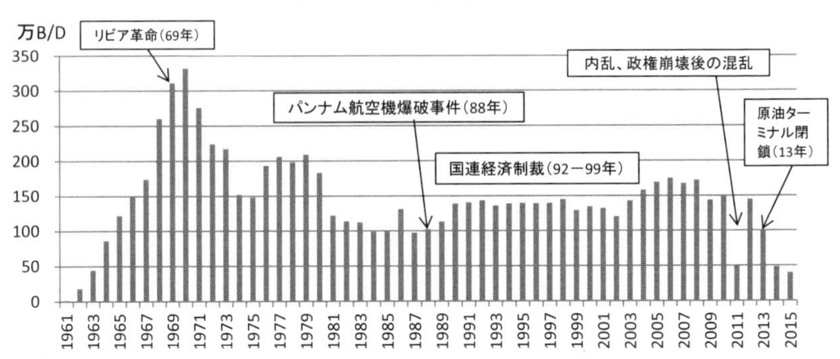

2011年2月に勃発した政変と内戦により生産量は2011年平均で日量50万バレルまで落ち込んだ．その後，2012年日量151万バレルまで回復したが，2013年6月東部の連邦導入派が原油出荷ターミナルに占拠・閉鎖に伴い，油田操業も次々と停止，2014～15年の原油生産量は日量50万バレル程に低下した．2017年1月リビア国営石油会社（NOC）は2022年までに日量250万バレルの生産を目指すとしたが，実際は日量100万バレル程の水準に止まっている.

リビアが関与した国際テロ

リビアの国家ぐるみの国際テロの中で嚆矢というべきは，1988年12月21日に発生したパンアメリカン航空103便爆破事件（パンナム機爆破事件）[14]である．

同事故はリビア政府が関与したテロ事件として国際問題となったが，捜査の過程で，当初リビア政府は容疑者らの引渡しを拒否したため，国連安保理は1992年1月21人の容疑者の引渡しを求める決議731号を採択し，1992年から7年間リビアには国連経済制裁が発動された．

その後，リビア政府は1999年4月5日，トリポリで国連代表に容疑者を引渡し，2003年総額27億ドルの遺族補償を実施したため，経済制裁は解除された．その間リビア経済は疲弊し，原油生産も減少した．

イヴォンヌ・フレッチャー射殺事件

1984年4月17日ロンドンでリビア人を中心とする反リビア政府デモに対し，リビア大使館内から銃が発射され，デモの警備を行っていたスコットランドヤードの女性警察官のイヴォンヌ・フレッチャーが死亡するという事件が起きた．この事件をきっかけに，英国はリビアとの国交を断絶した．

事件は，ウエストミンスター地区にあるセントジェームススクエアで起き，1985年2月1日記念碑が建てられ，除幕式が行われた．

2016年1週間英国に出張の際の3月7日，王立国際問題研究所（通称チャタムハウス）の図書館に立ち寄ると，偶然東京大学の池内恵准教授（その後に教授）と会った．池内准教授は，他のセミナーへの出席のためロンドンを訪問していた．昼食を一緒にすることにして，チャタムハウスを出るときに，私は，「イボンヌ・フレッチャー事件を知っていますか」と尋ねた．フレッチャー事件の記念碑がすぐ近くにあったからである．

「リビア大使館員に射殺された婦人警官ですね」と池内准教授は明快に答えられた．私の交友関係の中で英国駐在5年間でイボンヌ・フレッチャーに関心を示した日本人は，放送大学の髙橋和夫助教授（その後に教授．現名誉教授）ただ一人であり，池内准教授の反応はそのとき以来のことだった．

「記念碑があるのはご存知ですか」

「いえ，知りません」

---

[14] 1988年12月21日に発生した航空機爆破事件．墜落地点によりロッカビー事件と呼ばれる．

「すぐそこですが，見ていきますか」

「行きましょう」

同じ広場の一角にある記念碑は，2008年に来たときよりは，綺麗に整理されていたように見えたが，それは手向けられていた季節の花のせいだったのかも知れない．フレッチャー嬢はいまだにロンドン市民の心の中に生きているように思った．

写真7：イボンヌ・フレッチャー記念碑

2008年2月（ロンドン）

グレート・マンメイド・リバー

リビアの石油戦略には，1980年頃までは一貫性があったと評価される．人材もそれなりに育っていたように思う．しかし，それらはリビアには根付かなかったというべきであろう．

リビアは石油産業の内生化に失敗した，少なくとも成功していないというのが，2010年までの私の印象であり，評価であった．

結局，リビアはイタリアから石油製品の供給を受けて，内需を充足している．イタリアの製油所がタモイル・イタリア（リビア資本）との合弁案件であるとしても，産油国でありながら，自分で走らせる自動車のガソリンを自分の力で供給できていない．

リビアの石油収入は結局，何に費消されたのか．文字通り，砂漠に水を撒いただけの大規模なマンメイドリバー（人工運河）[15]の建設に，カダフィは何故あれ程の情熱を燃やしたのか，私にはわからない．やるべき課題は，他にいくらでもあっただろうに．

---

[15] 1980代の初めから，「人工大運河計画(グレート・マンメイド・リバー)」という巨大国家プロジェクトが進められた．同プロジェクトは，リビア南部の砂漠に古代から溜め込まれてきた地下水をくみ上げ，人造湖に貯め，全長4,000㎞に及ぶパイプライン網を建設して地下水を生活用水，農業用水として国中に送る事業．

閑話休題

「嵐が丘」と風力発電

偏西風の国イギリスで最も古い風車の記録は，12 世紀にさかのぼり，18 世紀末には 1 万基を超える風車が動いていたとの記録もある．1998 年末現在，イギリスの風力発電規模は 325MW で，アメリカ・ドイツなどに次ぐ世界第 7 位の規模を誇る．

イギリスにおける風力発電のポテンシャルは陸上が 340TWh（テラワットアワー）／年，沖合が 380TWh／年と推定されており，後者は国内電力消費量（1996 年 359TWh）を上回る．筆者は 1992～96 年イギリス滞在中，英国風力エネルギー協会（BWEA）の会員であったが，当時は風力発電ブームをいうべき時期で，現在稼働中の風力発電基地（風力ファーム）の多くは当時建設されたものである．因みに，開発計画は 1991～93 年までに 12 件の申請中 9 件が承認されたが，1994 年以後は 18 件中，2 件が承認されたに過ぎない．

図表 5：イギリスの風力発電基地

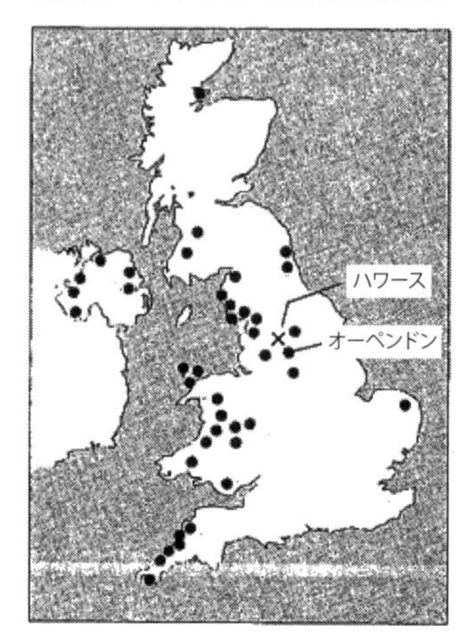

その中の一つがオーペンドン・ムーア風力ファーム（Ovenden Moor Wind Farm）である．同風力ファームはハワース（Haworth）の南数 km 程に位置するオーペンドン・ムーアに作られた．ムーア（Moor）とは，「荒れ地」とでも訳すべき，ヒースが生えた排水の悪い高原地帯であり，オーペンドン・ムーアの北西側がエミリー・ブロンテの「嵐が丘」の舞台となったハワース・ムーアである．

この辺りには，今でもヒースが群生していて，風が吹くとそれこそ，ワザワザと音を立てる．ザワザワではなく，耳を澄ますと本当にワザワザ……と聞こえるのだ．「嵐が丘」の原題「Wuthering Height(ワザリング・ハイツ)」は，ヒースが風にざわめく擬音からきているというが，この辺りは欧州でも特に風の強い地域で，地上50 mの地点では平均で秒速6.5〜7.5 mの風が吹いている，上から数えて2番目の強風ゾーンに属する．

「ハワースは，ストラットフォード・アポン・エイボンに次ぐ，イギリス人文学愛好家にとっては二大愛好地の一つです」と紹介してくれたのはハワース駅の駅員，スコット氏であった．同氏によれば，ハワースを訪れる観光客にははっきり特徴があり，イギリス人は一番季節の良い7〜8月，アメリカ人は学校の関係でそれよりやや早い6〜7月，オーストラリア人は休暇期間の関係からか冬の真っ盛りの2月に訪れる人が多いが，日本人はほぼ年中，若い女性が平均すれば1日に20人程訪れる由である．

写真8：Haworth駅　1993年10月9日

当地を訪れる旅行者と話をすると口を揃えて，「いつまでもヒースが残っていてほしい」と言う．イギリスでは風力発電を支持する人も多いが，反面，景勝地での風力ファーム建設反対運動も高まりを見せている．

欧州委員会（EC）エネルギー総局は，2020年でイギリスの全発電量の0.6%が風力エネルギーで賄われると見ているが，イギリスの風力発電は現在，エネルギーと環境の調和という今日的問題の最前線に位置しているように感じられる．

（エネルギーフォーラム1999年6月号エネルギーアブロード欄に投稿）

第 6 章　ライオンは寝ている

ライオンは寝ていた（2017 年 2 月）

大学卒業後，産業団体やシンクタンクで調査・研究活動に従事した後，私は 2011 年 4 月から 2022 年 3 月まで，東京の私大で「エネルギー経済」や「産業環境論」などの科目名で授業を担当したが，大学教員には授業の準備と実施以外にも様々な仕事がある．就職活動の応援やサークル活動の付き合い，学校行事の運営等がある中で，私は 2014 年から 7 年間授業の延長に海外研修を設定する機会を得た．学生は，海外研修には自己資金での参加であり，参加者の問題意識の高さが同プログラムを支えていたように思う．2017 年は 2 月 22 日〜26 日にシンガポールに出掛けた．

シンガポールは東京 23 区程の面積に約 560 万人の国民が住んでいる．内，460 万人がシンガポール人であり，100 万人が駐在員と出稼ぎ労働者である．産業振興もさることながら，同時に観光立国にも成功し，年間 1,500 万人を上回る訪問者がある．

教員の立場としては遊んでばかりはいられないので，現地機関の好意で現地事情の概要説明を受け，また博物館等で知見を広めながら，主な観光施設を訪問した．

到着すると毎年真っ先にマーライオン公園を訪問し，マーライオン像の前で記念写真を撮ることを恒例としていた．2017 年 2 月にシンガポールを訪問した時は，2 月 23 日 9 時にホテルを出発，地下鉄（MRT）でラッフルズプレイスに行き，例年どおりそこからマーライオン像まで歩いた．桟橋の先端に行けばマーライオンが勢いよく水を吐いているはずだった．

ところが，お目当てのマーライオン像は清掃作業のためネットで覆われていた [16]．我々は拍子抜けしたが，気を取り直して，対岸の近代的な建造物の並びをバックに写真を撮らざるを得なかった．

マーライオン像の前で恒例の集合写真を撮れなかったことに私はかなりショッ

---

[16] 旅行代理店のホームページには「2 月 3 日（金）〜 2 月 26 日（日）工事・清掃期間中は周りに足場が組まれて，カバーで覆われますため，全体像がご覧いただけません．また，この間の放水はストップします．ただし，小さいマーライオン像はご覧になれます」と記されていた．

クを感じたが，学生はさほどがっかりした様子もなく，小マーライオン像をバックに各々ポーズを取っていた．

ところで本研修プログラムでは，「旅行中一番印象に残った風景」というテーマで各自写真をとり，それにコメントを付けて帰国後に開くシンポジウムで発表するという企画を実施していた．そこで，私は次の写真に「The Lion is sleeping!」とのタイトルと添付のコメントを付すことにした．

写真9：The Lion is sleeping!

コメント：「2月3日～26日マーライオン公園のマーライオン像が定期清掃のため，シートで覆われていました．残念な思いをした観光客も多かったと思いますが，予定より2日早く清掃が終わったため，我々は最終日の午前中に会うことができました．観光資源とは何かということを考えさせられる出来事でした．」

さて，私の年代の者（昭和20年代生まれ）は，1961年にトーケンズ[17]が発表したバージョンで，軽音楽のスタンダードナンバーである「ライオンは寝ている」を知っている．原曲は1939年にソロモン・リンダによって書かれたものであることを，今回ネットで調べて知ることができた．短い歌詞であり，私は今でもほぼ全文を歌うことができる．

The Lion Is sleeping！（歌詞全文）

Wee…Wimoweh（繰り返し）

A-wim-oh-weh, a-wim-oh-weh　…　（繰り返し）

In the jungle, the mighty jungle, The lion sleeps tonight.

[17] The Tokens．主に1960年代に活躍した米国の5人組音楽グループ．

（ジャングルの中で，大いなるジャングルの中で，今夜ライオンは眠っている）

In the jungle, the quiet jungle, The lion sleeps tonight

（ジャングルの中で，あの静かなジャングルの中で，今夜ライオンは眠っている）

Near the village, the peaceful village, The lion sleeps tonight.

（村の近くで，平和な村の近くで，今夜，ライオンは眠っている）

Near the village, the quiet village, The lion sleeps tonight.

（村の近くで，あの静かな村の近くで，今夜ライオンは眠っている）

Hush, my darling. Don't fear, my darling　The lion sleeps tonight.

Hush, my darling, Don't fear, my darling

The lion sleeps tonight（繰り返し）

観光立国の頂点に登り詰めた都市国家

シンガポールは，今日，一人当たりGDP（2022年）は日本の33,140ドルを上回る82,800ドル，世界第5位の水準にある豊かな国になった．2015年3月23日に死去した建国の父，リークアンユー初代首相の強い指導力が作り上げた国である．

1965年マレーシアから独立，地理的な利点を生かした中継貿易，その延長の石油精製・石油化学コンビナート，海運センター，金融センターの設立等，世界経済の潮流を先取りした経済運営を行い，今日の繁栄を築いた．日本の進出企業数は2023年度現在1,100社を超える[18]．

観光政策の成功も今日の繁栄の基礎を築く一因をなしたことは間違いない．

今回引率した学生達は実によく遊び，よく学んだ．シンガポールは今日24時間楽しめる都市型レジャーランドという一面があり，効率的なビジネスセンターでもある．

観光政策の主な変遷は，図表6のとおりである．その中で，今世紀に入っての重点事業は統合型リゾート建設で，3棟のビルの屋上に船型のプールを乗せたことで有名なマリーナ・ベイ・サンズとセントーサ島の再開発を手掛けるリゾート

[18] JETRO「第6回シンガポール日系企業の地域統括機能に関するアンケート調査（2024年6月）」は，シンガポール日本商工会議所（JCCI）加盟法人企業649社を中心とした1,113社を対象に調査を実施．

図表6：シンガポール観光政策の変遷

時点	主なトピックス
1960年代	1964年シンガポール観光振興局（STB）設立
1970年代	1972年9月　セントーサ島開発公社設立 1973年　　シンガポール動物園開園
1980年代	緑化計画の一層の進展（フルーツの植樹、目的別アメニティ施設の整備など）
1990年代	1994年ナイトサファリ開園 生態系に配慮した公園整備
2000年代	2008年　F1開催
2010年代	2010年　リゾート・ワールド・セントーサ（RWS） 　　4月マリーナ・ベイ・サンズ（MBS）開業 2014年　ユニバーサルスタジオ開園

出典：（財）自治体国際化協会[19] 資料より作成

ワールドセントーサの二大プロジェクトが取り組まれた．

セントーサ島の開発は1972年に着手されたが，狭い国土の中でも南端に位置する同島には市内から1時間はかかった記憶があるので，より近いマリーナ・ベイエリアに人気が傾斜した．そこで，2010年代にはユニバーサルスタジオの開園を含むセントーサ島の再開発が進められ，二大スポット体制が実現した．観光客がますます忙しくなるのもやむを得ないところである．

しかしながら，日本人観光客には，どちらかと言えば昼夜を問わず，マリーナ・ベイ・サンズが一番人気であるように思う．カジノあり，レストランあり，イベントホールあり，国際展示場あり，という統合型リゾートである．ビジネスマン，観光客を集め，それぞれに活動の舞台を提供している．

因みに日本で2016年12月15日に成立した統合型リゾート法案（いわゆるカジノ法案）[20] はシンガポール型の観光立国を構想しているといわれている．訪日外国人旅行による経済効果（いわゆるインバウンド効果）の最大化を志向するものである．

私は，日本が持てる観光資源を最大限活用して，おもてなしの心で外国人観光客を迎え，外貨収入を増やすことに反対するつもりは毛頭ないが，かといって，何故，カジノを含む統合型レジャーランドの建設が開発構想の中心に位置づけられるのか，その理由が理解できない．

その疑問の理由は，シンガポール観光客の行動パターンを知ることで窺い知る

---

[19] http://www.clair.or.jp/

[20] 正式名称は「特定複合観光施設区域の整備の推進に関する法律案」．政府は4月4日，統合型リゾート導入に向けた推進本部の初会合を首相官邸で開催した．政府はカジノの運営方法や入場規制について本格的検討を進め，秋の臨時国会にIR実施法案の提出を目指している．

ことができるのではないか．図表7は，日本を訪問するシンガポール人観光客の推移である．東日本大震災の影響で，2011年こそ減少したが，その後は順調に増加し，2020～22年コロナ禍を経て，2023年には年間59万人に増加した．

図表7：訪日シンガポール人観光客数の推移（万人/年）

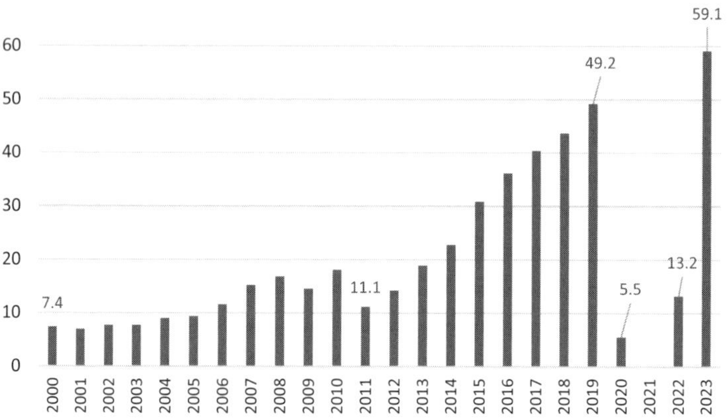

出典：日本政府観光局（JNTO）

図表8は，2015年におけるシンガポール観光客の宿泊県別訪問者の割合である．訪問県別宿泊者の第一位は東京であるが，第二位は北海道である．常夏の国シンガポール人にとっては，地理的には北海道，季節的には秋から冬，春への関心が高いという．

図表8：シンガポール観光客宿泊県別訪問者

（2015年）

都道府県	宿泊者	都道府県	宿泊者
東京都	37.3%	神奈川県	2.2%
北海道	17.5%	山梨県	1.6%
大阪府	12.3%	愛知県	1.5%
京都府	5.8%	長野県	1.4%
千葉県	4.6%	その他	12.9%
福岡県	2.8%	計	100

出典：日本政府観光局（JNTO）

また，シンガポール観光局のデータによれば，同国人の関心順位は図表9にまとめられる．リピーターが多いことに加え，訪問県が多岐にわたることもシンガポール観光客の特徴である.

それらのことからシンガポール人が求めているのは日本ならでは四季であり，自然であり，文化遺産であることが窺がわれる．そして，そのことを敷衍すれば，日本は日本らしさを観光政策の中心に据えるべきであるということになるだろう.

図表9：シンガポール観光客の関心

順位	日本滞在中の活動	比率(%)	次回行いたい活動	比率(%)
1位	日本食を食べること	98%	自然・景勝地観光	45%
2位	ショッピング	83%	日本食を食べること	44%
3位	繁華街の街歩き	75%	四季の体感	44%
4位	自然・景勝地観光	61%	温泉入浴	41%
5位	旅館に宿泊	46%	旅館に宿泊	39%

出典：日本政府観光局（JNTO）

日本は狭いようで広い．24時間をフルに遊びたい人は首都圏で密度濃く遊び，自然に接したい人は地方の各県を訪れるという棲み分けが必要である．あらゆる観光地を統合型にする観光政策は支持できない．多様性，いわば地域性，季節性の尊重が重要であるということを，改めてシンガポールで考えた.

シンガポールの石油産業

シンガポールは，石油産業史的には石油製品の供給基地を長く務めた．今日その役割を全面的に失った訳ではないが，産油国の石油製品輸出量の増加に伴う国際石油製品供給構造の変化により，同国の役割は大きく低下した.

1970年代，80年代の石油製品の供給構造に関して産業界の先輩諸兄から教わったことをまとめると以下のようになる[21].

- 石油産業としては，産油地から消費地に石油を運ぶ場合，どこで精製するかが問題になるが，理論的には①産油地精製，②中間地精製，③消費地精製の三つの選択が可能である.
- 石油産業はこの3つの方式を，時代的必然性を背景に選択してきた．歴史的にはまず産油地精製主義が採用された．地理的には産油地精製といっても必ずしも油田地帯を意味せず，製油所の立地に適した海へのアクセスのある地点が選

[21] 関岡正弘「国際石油貿易構造の変遷」（国際経済研究1988年5，6月号」等を参照

ばれた．石油産業の初期にはトリニダッドトバゴ，蘭領アンチル，米国の製油所等が該当する．米国は世界的規模で考えれば，当時は産油国の役割も担っていた．その時点では，国際貿易は原油でなく，石油製品貿易が主流であったことが重要である．

・第二次世界大戦後，世界が石油の大量消費時代に突入すると，消費地精製方式が主流になり，日本や西欧諸国は最新鋭の大型製油所を消費地近くに建設した．

・他方，直接製油所を建設することが経済的に正当化できない小規模市場に対しては，産油地から製品を運ぶのではなく，できるだけ消費地に近い中間地まで原油を運び，そこで精製して，そこから石油製品を運ぶというビジネスモデルが合理性を持った．これが中間地精製であり，その代表がシンガポールであった．シンガポールは産油地でもなければ，大消費地でもないが，水深の深い港湾を持ち，地理的に絶好の場所に位置していた．

・こうして1960年代末から1970年代の初めにかけて，シンガポールの埋め立て地に，大型製油所がいくつか建設され，合計で日量100万バレルを上回る精製能力を持つにいたった．シンガポールの精製会社は中東から原油を輸入して精製し，東南アジア地域やオセアニアの市場に石油製品を供給する基地の役割を担った．

・こうしたシンガポールの石油製品供給基地としての役割は近隣で中国，インドネシア，タイ，ベトナムなどで精製能力の増強があり，今日相対的に低下している．

・その中で，シンガポールの石油化学工業など石油産業のバリューチェーンにおける一層の高付加価値化を実現し，世界銀行によれば，2022年の年間一人当たりGDPは82,800米ドルで世界で第5位に達する経済基盤を築いている．

・図表10は，旧BP統計によるシンガポールの原油・石油製品の輸出入量の推移である．同統計では2005年以前の国別データは公表されていないが，原油を精製した製品生産分と製品輸入の一部を内需に向けた残りを製品輸出に回している絵が浮かび上がる．シンガポールは依然6〜7千万トン（120〜140万B/D）の規模の石油製品の供給国であることは重要である．

図表10：シンガポールの石油輸出入量の推移

	年	原油輸入	製品輸入	原油輸出	製品輸出
シンガポール（百万トン）	2006	52.8	55.8	0.9	58.3
	2010	39.9	100.1	2.1	65.8
	2020	45.8	96.0	1.7	70.0
	2022	44.4	72.5	0.5	72.3
世界計（百万トン）	2006	1,933	658	1,933	658
	2010	1,876	758	1,876	758
	2020	2,102	1,095	2,102	1,095
	2022	2,129	1,247	2,130	1,247
シンガポールの世界計に占める割合（%）	2006	2.7	8.5	0.0	8.9
	2010	2.1	13.2	0.1	8.7
	2020	2.2	8.8	0.1	6.4
	2022	2.1	5.8	0.0	5.8

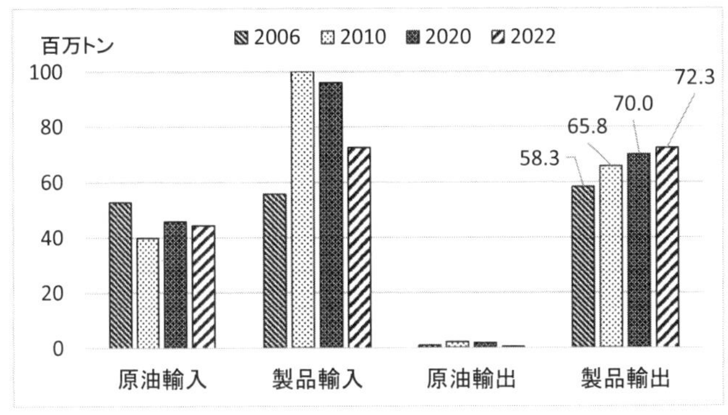

出典：旧BP統計各年版より作成

ラッフルズとシンガポール

シンガポールは，字義からいえば「ライオンシティー」の意味である．語源的にはサンスクリット語でSingaには獅子，力強いもの，英雄，王などの意味があるという．またPuraは要塞，城，町，都市の意味をもち，そのことからSingapuraは，「獅子の城」，「獅子の街」になる．イギリス統治前はマレー語で「シンガプーラ」と呼ばれており，実際に1819年2月イギリスがシンガポール島の移譲を求める6項目の条約を結ぶまではSingapuraと表記されていた．条約締結後，イギリスが発した宣言でSingaporeの表記に置き換わった．

こうした交渉を率いたトーマス・スタンダード・ラッフルズ（Sir Thomas Stamford Raffles）は東インド会社の社員であり，シンガポールをイギリスの東アジア進出の拠点とすることに大きく貢献した人物である．

ラッフルズは，1781年7月6日に生まれ，1826年7月5日44歳で死去した．

ブライアン・ガードナー著「イギリス東インド会社」[22]から，ラッフルズの生涯を振り返えると，次のようになる．

・ラッフルズは色の黒い，男前の青年で， 彼の短い一生は，東インド会社の歴史の中でもっともドラマティックで悲劇的な物語となるべく運命づけられていた．彼は気丈な船長の息子で，1795年，14歳の少年の身で，ロンドンの東インド会社の本社に雇われた．勤勉で有能であった彼は，1805年，23歳の時に東洋に派遣されることになった．その年はペナンが会社の4番目の管轄地になった年で，ラッフルズは初代総督に任命されたフィリップ総督の秘書長の助手として赴任した．給料は70ポンドから一挙に1,500ポンドに上がった．

・1812年ラッフルズは，ジャワの総統代理のような立場になっていたが，政敵が多く，出費が多いことを理由に免職され帰国した．ロンドンで彼は名誉挽回に努める一方，「ジャワの歴史」を執筆し上梓した（35歳）．2年後，ラッフルズは東インド諸島に戻った．

・以前からラッフルズは，マラッカ海峡の出口に戦略上の拠点を設けるべきであるという上申書を提出していたが，役員会はこれに関心を示さなかった．ラッフルズが選んだ場所は，マラヤ半島の尖端にある小さな島であった．1819年1月28日午後4時，そこに錨を降ろした．それがシンガプーラあるいはシンガポールであった．ジョホールの土侯が所有する，人口の少ない淋しい所であった．スルタン[23]がやってきて，あばら家が並ぶ村の近くのテントで会議を開いた．そしてスルタンには年5,000スペイン・ドル，現地駐在の地方首長（トゥメンゴ）[24]には同じく3,000ドル支払うことによって，会社は居住地を建設する許可を得た．ユニオン・ジャックが掲げられ，ラッフルズに連れて来られたセポイ兵が祝砲を放った．

・「ラッフルズがいなければ，近代のシンガポール国家はおそらく存在していなかったであろう．」（第10章「ラッフルズの時代」より要約）

1823年，ラッフルズは帰国の途についた．不幸なことに1824年の帰国時に乗船した船が火災となり，長年かけた研究の成果や貴重な資料をすべて焼失した．

---

22) 「東インド会社（原題: “The East India Company”）Brian Gardner 著，浜本正夫訳（1989年7月，リブロポート社）P.220 － P.229

23) ジョホールバール国王 フサイン・マフムード・シャー（在位：1819～1835年）．

24) マハラージャ・アブドゥル・ラーマン地方首長

写真10：ラッフルズ灯台（2011年1月）

帰国後病いを得つつも1825年にはロンドン動物学会を設立し，ロンドン動物園の開園に尽力した後，26年脳腫瘍による発作により他界した．44年と364日の人生であった．

ラッフルズは，私の目には，大英帝国の栄光を信じて疑わない，純粋な帝国主義者のように映る．したがって，結果的に僅か8,000スペイン・ドルでスルタンと地方首長を騙してシンガポールを移譲させたという心証はない．しかし，スルタン，地方首長，ラッフルズの三者で結んだ条約には，シンガプーラと記されたが，直後にイギリスが発した宣言ではシンガポールとされた．

ラッフルズの名前は，ラッフルズホテル，世界最大級の花ラフレシアの他，シンガポール海峡の隘路に建設された灯台に残されている．

ところで，1960〜70年代のフォークソング界をリードしたピート・シーガー[25]は「ライオンは寝ている」の歌詞の意味について，ズールー王国の最後の王シャカをライオンに見立て，欧州列強がアフリカの植民地化を進めたときの寓意を示していると解釈しているのが面白い．

ジョホールバールのスルタンにすれば，寝ている間に，1819年2月シンガプーラがシンガポールに名前を変えられていたということだろうか．

水・環境セミナー（2017年3月10日）

シンガポールから帰国して10日程経った3月10日，東京溜池のジェトロ本部で「シンガポール水・環境セミナー」が開催され，私も参加する機会を得た．プ

---

[25] Pete Seeger．1919年5月3日生，2014年1月27日没．2016年ノーベル文学賞はボブ・ディランが受賞したが，ピート・シーガーの業績はボブ・ディランよりも大きいとの評価もある．

ログラムは「シンガポールの一般経済概況，統合的水管理と水分野の参入機会，環境関連ビジネスの概要と参入機会」という内容の豊富なセミナーであった．この内，「統合的水管理と水分野の参入機会」はシンガポールの公益事業庁（PUB）の代表，及び「環境関連ビジネスの概要と参入機会」は同国家環境庁（NEA）の担当部長による発表でカバーされた．

セミナー終了後，名刺交換，ネットワーク作りを目的とした交流の場が設けられた際，共同主催者である公益事業庁の責任者に，スマホ画面で写真を示しながら，私は尋ねた．

「実は先月学生を引率してシンガポールを訪問しましたが，生憎マーライオン像は清掃中でシートで覆われていたため，学生一同，大いに落胆しました．ところで，公益事業庁はマーライオンが吐き出す水の供給も管轄しているのですか」

すると，部長は答えて言った．

「公益事業庁（PUB）は民生用，産業用を問わず，シンガポールのあらゆる上水の供給と排水処理を管轄しています．マーライオンが清掃中だったことには大いに同情します．しかし，マーライオン像の清掃はシンガポール政府観光局（STB）の管轄であり，我々は関係していません．」

隣りで我々のやり取りを聞いていた，国家環境庁（NEA）産業発展促進部のT女史が大きな同情を表明されたので，私は出発の日の午前中，勢いよく水を吐くマーライオン像をみんなで撮影することができたとは，遂に言えなかった….

写真 11：定期清掃を予定より 2 日早く終えて，水を吐きだすマーライオン（2017 年 2 月 26 日）

中野千優氏撮影

第７章　ゴードン将軍とスーダン

スーダンは，2011年に南北に分かれた．新たに誕生した南スーダン共和国(Republic South Sudan：以下，南スーダンという）は，北にスーダン共和国(The Republic of the Sudan：以下，スーダンという)，東にエチオピア，南東にケニア，ウガンダ，南西にコンゴ民主共和国，西に中央アフリカと国境を接する内陸国である．2011年１月に実施した南部独立に関する住民投票結果を受けて，同年７月９日にスーダンの南部10州はスーダンから分離独立した．スーダンは広大な国であり，分離後もスーダンが188万 km^2，南スーダンが64万 km^2 の面積を持つ．南スーダンの独立で，日本の面積の世界順位は61位から62位になった．

図表11：スーダンと南スーダンの石油地図

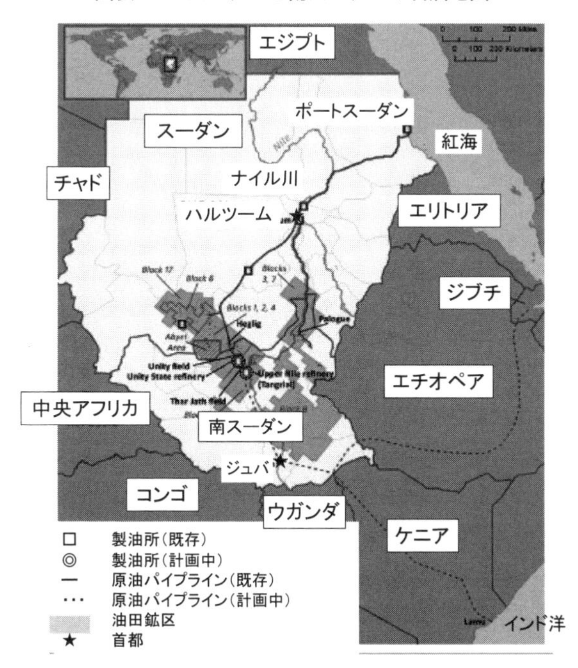

出典：米国DOE/EIA資料より作成

スーダンの石油事情

石油専門誌によれば，2024年初のスーダンの石油確認埋蔵量は15億バレル，南スーダンは35億バレル（計50億バレル）で，両国併せても世界全体の0.3%に過ぎない[26)].

これらの埋蔵量の多くは両国の国境地帯に賦存しているが，実際の生産は南スーダンが中心である．しかしながら，輸出港は紅海に面したスーダン側のターミナルしかないため，数年間に渡り，両国は石油収入の配分に関し合意できず，原油産油量は徐々に減少した．

スーダン側は，既存油田の減衰を遅らせるため，石油増進回収（EOR）技術の適用に加え，小規模油田の操業を開始したものの，日量約11万バレルの生産を維持するのが精一杯である．

一方，南スーダンの2016年の原油生産量は日量15万バレル程であったので，南北併せても原油生産量は日量約26万バレルに留まり，分離独立（2012年）前の日量約49万バレルからはほぼ半減した．

両国はナイルブレンド原油とダールブレンド原油を輸出銘柄にしている．分離後の2012年，両国は日量13.3万バレルの原油を輸出したが，輸出水準は主要油田が生産停止する前の2011年水準（日量33.7万バレル）からは大きく落ち込んだ．最大の輸出先は中国で，原油輸出量日量13.3万バレルの内，86%（日量11.4万バレル）は中国に輸出された．中国に次いで日本に8%，インドに5%，韓国に1%が輸出されており，輸出先は専らアジア地域である．

原油輸出インフラに関しては，油田地帯と原油積出港である，ポートスーダンの南24kmに位置するバシャエル・ターミナルを結ぶ2系列の原油パイプラインを保有している．その一つはPetrodarパイプラインで，南スーダンで産出されるダールブレンド原油を輸送している．同パイプラインは全長約1,370km，設計輸送能力は日量50万バレルで，ワックス分の多い同原油の流動性を上げるため配管に加熱設備を備える．

もう1本は「GNPOCパイプライン」で，スーダン側のヘグリグ油田等からバシャエル・ターミナルまでナイルブレンド原油を運んでいる．パイプラインの全長は1,610km，輸送能力は日量45万バレルである．

[26)] DOE/EIA "Country Analysis Brief : Sudan and South Sudan"（2024年3月20日）元データはOil & Gas Journal, Worldwide Report, 2023年12月4日号

南スーダンは，原油輸送のスーダンへの依存度を減らすため，同国を迂回する原油輸出パイプラインの建設を計画し，ケニア，エチオピア，ジブチの当局と，エチオピアを経由してケニアのLamu港またはジブチに至るパイプライン建設の覚書を締結した．しかしながら同計画は，内戦により進展していない．

2011年7月の南スーダンの分離独立後，スーダンは石油収入の減収分を補おうとして，南スーダンに対し原油輸送料（32～36米ドル/バレル）を要求した．それに対し，南スーダンは同1米ドル未満を提示した．2011年末に緊張が高まり，スーダンは原油輸送料の未支払い分として南スーダンの原油輸送を差し止め，その一部を接収したため，2012年1月，南スーダンはやむを得ず全ての原油生産を停止した．

2012年9月アフリカ連合の仲介により，両国は分離独立後の諸問題に関する協力協定に署名した．その内，石油に関して南スーダンはスーダンの石油輸送施設と処理施設を使用できるとし，原油生産再開を求めた．同協定は，南スーダンがスーダンにバレル当たり11米ドルの通行料を支払うとし，交渉の結果，南スーダンは2013年4月に一部石油生産を再開し，その後複数の油田からの生産も開始された．

2013年9月，スーダンが同国を経由して南スーダン産原油を輸出することを許可する旨発表したことを受けて，南スーダンは石油生産量の削減を解除した．しかしながらその後，同国では政権内での武力衝突，暴動および外国労働者の撤退により，複数油田において生産活動の中断が継続的に発生している．

南スーダンとしては本件の本来的解決には，スーダン迂回パイプラインの建設が強く望まれるところであろう．

日本との関係

経済制裁の影響や治安の問題から，スーダンに対する日本関係企業の関心は総じて低い．スーダンは民族・宗教対立での内戦が長期間続き，人権問題で欧米から経済制裁も受けている．その一方で日本は2011年まで，一定量のスーダン原油を輸入して来た．

代表的なブレンド原油であるナイルブレンドは，性状的にはインドネシアのミナスと類似しており，日本は精製用と電力の生焚き用として輸入した．2006年の日本のスーダン原油輸入量は628万kLであり，これは日本の全輸入量の2.65%（第8位）を占めたこともあった．

図表12は，スーダン原油の輸入量の推移である．2011年までは1.0%台の輸入比率を維持していたが，経済制裁の影響から，2012年から輸入量は大きく減少した．

図表12：日本のスーダン原油輸入量の推移

年	日本の原油輸入量	スーダン原油輸入量	内、ナイルブレンド	内、ダルフールブレンド	スーダン比率
	万kL				%
2005	24,519	461	461	0	1.9
2006	24,314	628	628	0	2.6
2007	23,882	597	597	0	2.5
2008	24,321	575	575	0	2.4
2009	21,186	266	261	5	1.3
2010	21,538	257	249	8	1.2
2011	20,698	246	239	7	1.2
2012	21,254	53	53	0	0.3
2013	21,058	61	61	0	0.3
2014	19,970	20	20	0	0.1
2015	19,587	37	23	14	0.2
2016	19,272	5	0	5	0.0
2017	18,764	0	0	0	0.0
2018	17,748	0	0	0	0.0
2019	17,549	0	0	0	0.0
2020	14,388	0	0	0	0.0
2021	14,466	15	15	0	0.1
2022	15,864	10	10	0	0.1
2023	14,766	2	2	0	0.0

出典：「資源・エネルギー統計年報」（経済産業省）各年版

マフディーの反乱とゴードン将軍

マフディーとはイスラーム世界ではアラビア語で「救世主」を意味する．1881年6月19日，ムハンマド・アフマドは自らを「マフディー」であると宣言し，イスラーム教徒を結集して反エジプト・反英闘争に立ち上がった．これがマフディーの反乱であり，マフディー教徒は山岳部を拠点に独自のイスラーム国家の建設を目指した．

当時，スーダンはエジプトの支配下にあったが，エジプトで反英闘争であるウラービーの反乱（1879〜82年）が起こったため，イギリスはスーダンの反乱鎮圧まで手が回らず，ハルツームは反乱軍に包囲された．そこで，イギリス政府は，中国で太平天国の乱の鎮圧に貢献したチャールズ・ゴードン将軍[27]にハル

[27] Charles George Gordon(1833年1月28日生，1885年1月26日没)

ツームに行き，イギリス人撤退の指揮をとるように命じた．

1884年春ゴードンはハルツームに到着したが，反乱軍に包囲され，援軍到着の2日前の1885年1月26日の戦闘で戦死した．

さて，私は20年以上前に，ゴードン将軍とマフディーを主人公とした映画「Khartoum，日本題カーツーム（原題のまま）」を観たことがある．

映画自体は1966年の作品であった．映画ではゴードン将軍をチャールトン・ヘストンが，ムハンマド・アフマドをローレンス・オリビエが演じていた．ローレンス・オリビエは顔に墨を塗ったメーキャップで狂気の指導者を演じ，チャールトン・ヘストンは軍人というよりもイギリス紳士を好演しており，筆者はいい映画だと思った．総統府の館であろうか，将軍が館の踊り場で暴徒に槍で刺殺されるシーンは今でもよく覚えている．

しかし，直後に読んだ映画雑誌の批評では，同映画は「世界で一番面白くない映画ベストテン」の一つに収められていたと記憶する．

チャールズ・ゴードンは，1833年1月28日生まれのイギリスの軍人で，1840～42年アヘン戦争後，中国で起きた太平天国の乱（1851～64年）を，民兵組織である常勝軍を率いて鎮圧したことで広く知られている．中国の後は，スーダン南部赤道州総督，インド総督秘書官等を務めた後，マフディーの反乱鎮圧の撤退戦を指揮したが，ハルツームで戦死した．イギリスでは人気のあった将軍の救援が間に合わなかったことが，グラッドストン内閣退陣の一因となったと言われている．

ハルツーム訪問

私がハルツームを訪問したのは分離前の2009年であったが，当時の元首はオマル・ハサン・アフマド・アル・バシール大統領（Omar Hasan Ahmad al-Bashīr, 1944年1月1日生まれ）であった．

バシール中将は1989年軍事クーデターにより政権掌握，1993年10月大統領就任，その後1996～2015年の間，4度の再選を果たした．

オランダのハーグに常設された国際司法機関である国際刑事裁判所（ICC）は，2008年7月14日，スーダン西部ダルフールでの紛争を巡り「人道に反する罪」を犯した容疑でバシール大統領の訴追を請求し，逮捕状が出されたものの，スーダン政府はICCへの協力を拒み，引渡しに応じなかった．

この看板（写真12）は，ハルツーム空港の敷地を出た所に設置されていたもので，念のためスーダン石油公社のスタッフの了解の下に撮影した．2009 年の調査の帰国報告会の参加者は，スーダンの石油産業動向の報告内容にはほとんど関心を示さず，質問は専らバシール大統領の訴追問題に集中したことを覚えている．

写真 12：バシール・スーダン大統領の肖像（2009 年 1 月）

ところでバシール大統領は，クーデターによる政権掌握後，30 年にわたり政権の座を維持したが 2019 年 4 月 11 日，国防軍のクーデターにより失脚した．

クーデター後の 4 月 16 日，バシールはハルツームにあるコベル刑務所へと身柄を移された．4 月 21 日，暫定政権はバシールの自宅からユーロやアメリカドルからなる 1 億 1300 万ドル相当の現金を発見したことを発表，外国通貨不正所持の疑いで捜査が行われた．暫定政権下の司法当局は 5 月 13 日，前年からの抗議デモ参加者の殺害への関与・扇動容疑でバシールを訴追する一方で，暫定政権は国際刑事裁判所への引き渡しは拒否した．

12 月 14 日，ハルツーム裁判所は，汚職と外貨の不正蓄財の罪状でバシールに懲役 2 年の実刑判決を言い渡したが，高齢（75 才）を理由に刑務所ではなく，別途関連施設で拘束される措置が採られた [28]．

[28] 「スーダン前大統領 汚職などの罪で懲役 2 年の実刑判決」2019 年 12 月 15 日 NHK 放送 https://archive.md/ApzSS#selection-2065.1-2071.17

ゴードン将軍の像と墓所

スーダンへの訪問は2009年1月のことだった．その際，ハルツームに4日程滞在し，同市郊外にあるハルツーム製油所でのシンポジウム出席といくつかの神殿やピラミッドの見学，ナイル川でのクルーズを経験した．それらが得難い経験であったことは言うまでもない．スーダンには計255基ものピラミッドが残っているといわれる[29]．数としてはエジプトにあるピラミッドの約2倍である．規模はエジプトのそれに及ばないとしても，様々なユニークな形のピラミッドがあった．写真13は象のピラミッドと呼ばれるものである．また，写真14はナイル川

写真13：象のピラミッド（ハルツーム郊外）

写真14：ナイル川上流の農地（ハルツーム郊外）

29)　「エジプトだけじゃない！世界のピラミッド大集合」ナショナル・ジオグラフィック2015年1月8日　https://natgeo.nikkeibp.co.jp/nng/article/20150107/430937/

下りで眺めた対岸の景観である.

しかし，である．私の最大の希望は，ゴードン将軍の終焉の地の訪問であったが，その1時間を作ることはできなかった．受入れ側のスーダン石油公社の担当者に，そうした希望を申し出ることは憚られた.

さて，私は1991～96年ロンドン在勤中，国際海事機関（IMO）の海洋環境保全委員会と法律委員会には毎回参加していた．準備会合を含め1会合当り，2週間が充当される．平均すると年に2週間／回の会合を3回程出席していたので，かなりの回数IMO本部に通った計算になる．IMO本部はテムズ川に面し，ウェストミンスター橋の次の上流側に掛かるランベス橋を渡ったEmbankment地区にあった.

IMO本部からテムズ川右岸を下り，ランベス橋を渡り右折し，ウェストミンスター橋脇を越え，国防省前の広場（Victoria Embankment Gardens）まで歩くと，ゴードン将軍の像が国防省の建物に背を向け，テムズ川を見下ろすように立っている．その台座には，「チャールズ・G・ゴードン英国陸軍少将，1885年1月26日ハルツームで死去」とある.

写真15：テムズ河畔に立つゴードン将軍の像とその台座

第８章　「石油の呪い」―古くて，新しい資源開発の罠

資源の呪い

「資源の呪い」（resource curse）とは，鉱物や石油など非再生の自然資源が豊富な国では，経済成長や工業化が資源の乏しい国よりも遅くなるという現象を示す用語である．この内，石油資源の保有が開発を妨げる場合，「石油の呪い」という．また，豊富さの逆説（paradox of plenty）も同様の意味で用いられる．

国際的な資源相場の不安定さが，資源国の経済計画に大きな影響を及ぼすことも石油の呪いの一形態であるとの評価もある．

このような傾向に陥らないように，資源国ではそれを回避する政策が取られている．一部の産油国では石油基金を設立し，資源収入から得た富を積極的な投資に回し，資源に依存しない収入源を確保しようとしている．そうした戦略はカザフスタンやノルウェーやモーリタニア，イラン等で行われているが，一方でベネズエラを筆頭に多くの産油国は，未だに石油収入に依存したモノカルチャー経済となっており，石油依存からの脱却が課題である．

石油産業の要素と部門

さて石油産業活動は，自然界における石油資源の探査に始まり，油田発見後には開発，生産活動を経て，ようやく原油は地上に回収される．地上に回収された原油は，産油国の製油所で，あるいは原油タンカーで消費国に運ばれた後，消費国の製油所で，蒸留工程により各留分の沸点差を利用して分離され，これにより得られた石油製品は，製品タンカー，タンクローリーなどで流通拠点，給油所などを経て，消費者に運ばれる 。

したがって 、石油産業は自然からの奪取としての鉱業，奪取された原油の精製(典型的な装置産業としての精製業）としての工業，及び輸送業の各要素からなる産業である．

この石油産業活動を川の流れにたとえ，探査・開発・生産までを上流部門，精製・輸送・販売を下流部門という．

精製業，及び輸送業は「資源の呪い」とは無縁であるが，石油産業のうち上流

部門操業を論じる上では，資源の呪縛を十分考慮せねばならない．

「石油の呪い」説の系譜

「石油の呪い」はいくつかの異なった論拠から来ている．古くはオランダ病として語られたこともある．オランダ病は，天然資源の輸出により製造業が衰退し，失業率が高まる現象であった．北海で天然ガスが発見されると，オランダの通貨ギルダーが高騰し，同国の輸出産業は衰退した．このように資源輸出が増えるとその国の通貨は高くなり，結果的に経済成長を阻害する現象がみられる．しかし，通貨高は重要な影響要因ではあるものの，ガバナンス次第である．ガバナンスの優れた国では資源収入は通貨高につながらず，逆にガバナンスが悪いと通貨は上昇する．

オランダ病は実際には回避できない現象ではない．今日では，資源輸出収入をインフラ整備に充当すれば，他の輸出産業の競争力を高められることが明らかになった．その一例を我々はマレーシアに見出すことができる．同国は，輸出収入を活用して産業の多様化を進め，資源以外にも多くの品目を輸出するようになった．またボツワナは，ダイアモンドによる輸出収入を活用し，高度成長を達成した．

資源の豊富さは必ずしも経済発展に結びつかない．天然資源が経済に関して祝福というより，むしろ禍をもたらすとする考え方は1980年代から注目されはじめた．用語として初めて用いたのは，1993年リチャード・アウティの「資源の呪いという命題（resource curse thesis）」であった．直感に反して，資源の豊富な国々で資源を経済成長のために使うことがいかにできていないか，また，そうした国々は資源が豊富でない国よりも経済成長しにくいということが考察されている．アウティは，その原因として，

①資源に依存し，他の産業が育たない

②資源確保の為，過度な開発が進み土地が荒廃する

③資源確保をめぐる内戦や政治腐敗の進行

④資源の富が宗主国に吸収される

等の事例があるとした．

収奪の星

次に筆者が関心を持ったのは2012年3月に邦訳が出版された「収奪の星」[30]である．同書は，全11章からなる開発経済学の好著であるが，その第1章には，表に示す有名な三つの式が示されている．

図表13：自然，技術と法規の関係式

自然＋技術＋法規＝繁栄 （自然を賢く生かす公式）	技術の力が自然を資産に変える。自然資産が所有権争いですり減らされることなく社会に価値をもたらすためには、所有権を法律で定める必要がある。
自然＋技術－法規＝略奪	法規制には明確な国家統治が必要である。自然資産の価値は、所有権争いのコストがそれと等しくなるまで膨らんだとき消滅する。
自然＋法規－技術＝飢餓	開発途上国の農業経済に対する富裕国の姿勢は、改革と保存の両方を望むという、かなり矛盾したものになっている。アフリカの農業から技術を閉め出し商業化を妨げたために食料は値上がりした。

注：ポール・コリアー著「収奪の星」より作成

また，第3章には「石油の呪い」が詳述されている．同章のポイントは以下にまとめられる．

- 石油は経済成長によからぬ影響を与えた．原油価格の高騰はおぞましい結果を招く．産油国の政治家は，輸出収入を贅沢品や無駄なプロジェクトに費やしてしまうからだ．こうしたマイナス効果は，銅，ボーキサイト，コルタンといった他の鉱物資源にもみられる．GDPに関する限り，資源の呪いは存在するといえそうである．しかし資源採掘は，GDPを増やしこそすれ，減らすものではなかった．
- 農産物と鉱物資源には重大な違いがある．農産物の値上がりは長期的にプラスの効果をもたらす．
- ガバナンスの弱い国では資源の呪いが現れ，優れた国では資源価格の高騰が長期的にプラス効果をもたらした．石油がノルウェー経済を豊かにする一方で，ナイジェリアを荒廃させたのは，ガバナンスの違いにあったということができる．
- 資源収入は民主主義を堕落させ，独裁から脱皮するどころか助長させるよう

[30] 「収奪の星——天然資源と貧困削減の経済学」ポール・コリアー著（2012年3月）みすず書房 原書“The　Plundered Planet—How to reconcile prosperity with nature”（Paul Collier,2010年）

に見える．また，資源収入があると，政府の説明責任は低下するという結果も出た．
・政府は予算編成から使途に至るまで，高い透明性が求められる．だが，政府が腐敗している国では，まさに反対のことが起きる．リベリアでは，サーリーフ大統領政権になるまで，大臣は中央銀行に対して自分の個人口座に送金するように命令していた．
・資源のない国では，賢明な経済運営をしないと有権者の支持を得られないので，選挙には政府の行動を律する効果がある．しかし，資源富裕国の場合には，チェック・アンド・バランスがしっかり働かない限り，潤沢な収入が選挙を蝕むと考えられる．
・典型的なアフリカ社会の構造分析をすると，公正は選挙が実現する可能性はわずか3%しかない．

本書はガバナンスの重要性を認識し，共同研究者との実証研究結果に基づき，「ガバナンスがある水準以上であれば，資源は呪いをかけず，国を繁栄に導く．しかし水準以下であれば，足を引っ張ることになる」と結論している．

強調すべきはガバナンスの重要性であり，この点は今日さらに重要性を増していると評価される．

石油の呪い

2017年2月には，タイトルもそのままの「石油の呪い」[31]が出版された．その内容は，以下のとおりである．

途上世界の資源保有国のほとんどは貧しく非民主的であり，まともな統治体制を持っていない．そこに石油資源からの富が流れ込めば，往々にして紛争が誘発されるか，すでに起きている紛争を長期化させる．

資源保有国は資源に呪縛され，貧困から抜け出すことができない．資源を梃子に経済開発を行おうとすると，往々にして政治改革や社会変革が阻害されてしまう．これらが石油の呪いといわれる産油国特有の現象であるが，産油国はどうすれば，こうした呪縛から逃れることができるか．本書はこうした石油の呪いが何

[31] 「石油の呪い―国家の発展経路はいかに決定されるか」マイケル・L・ロス著，松尾昌樹，浜中新吾訳（吉田書店）原題“The Oil Curse:―How Petroleum Wealth Shapes the Development of Nations”（Michael L. Ross 2012年）

故起こるかを分析し，脱却法を提示する．

著者マイケル・L・ロスはUCLAの政治学の教授である．本書は 7 章から構成される．第 1 章の概要に続き，第 2 章は石油の呪いの発生機構を分析している．第 3～6 章はモデル分析で，第 3 章はソ連経済の停滞原因と 1980 年代の油価下落の影響，第 4 章は石油収入の女性の地位への影響，第 5 章は石油を原因とする紛争，第 6 章では石油収入の経済的効果を扱った後，第 7 章は石油の呪いからの脱却法を提示している．

歴史的には無資源国の方が，資源国よりも経済的にうまくやってきた事例が目に留まる．17 世紀のスペインは新世界で確保した金・銀という大きな資源を手に入れたが，実際はそれ程の資源を確保しなかったオランダの方がスペイン以上の経済的繁栄を手にした．19 世紀から 20 世紀にかけては資源小国の日本やスイスが資源大国のソ連を上回る経済的成功を収めたことも知られている．産油国の中には資源収入を賢明に使っている国もあるが，多くの産油国にとって石油は恵みを与えず，開発を呪縛している．

資源国が健全な経済開発を進められない理由の一つに，著者は資源価格の変動を挙げる．資源価格は工業製品価格に比べて変動が大きいため，資源輸出に依存する国は不確実性とリスクに常に曝される．本書を読み進むと，読者は様々な統計分析に出会う．その点からは本書は開発経済を学ぶ読者には，様々なモデル分析に接することができる好著といえよう [32)]．

ナイジェリアのこと

私は，石油の呪いという言葉に接すると，どうしてもナイジェリアのことを考えてしまう．私は，「石油の呪い」というタイトルのファイルを作っているが，その半分はナイジェリア関係の文献である．

その中で，忘れられない雑誌論文が，次の二つである．同国は歴史の節目節目で，政権の腐敗や内部抗争が報じられており，石油の呪いの本質を垣間見せた．同国が石油の呪いを克服できるかどうかはわからないが，同国にとって残されている時間はそれほど長くないように思う．

(1) エコノミスト 1993 年 8 月 21 日要旨 [33)]

ナイジェリアの政治を理解するには，石油の発見に立ち戻らなければならな

32) 「資源国が繁栄できない理由」日本経済新聞（2017 年 4 月 1 日）この一冊（評者 筆者）

33) “Nigeria: Anybody seen a giant?” The Economist（1993 年 8 月 21 日号）

い．外国企業が南部デルタ地帯の沼地で最初に発見したのは，1950年代であった．ナイジェリア人による本格的な石油生産を開始する前に，ナイジェリアでは1967〜70年まで市民戦争が起きた．その後，国内に平和が回復しだした頃，世界の原油価格は急騰した．

1970〜74年，歳入に占める石油収入割合は26%〜82%へと膨れ上がった．ナイジェリアの人々は，一夜にしてもたらされた富に魅了された．同国では，パンからメルセデス，シャンパンに至るすべてのものの猛烈な輸入国になった．欧米のセールスマンは多くが政府の支援を得る一方，ナイジェリア人は使い方も管理方法もわからないまま，あらゆる物資の輸入を促進した．信じがたいことだが，当時は余剰収入をいかに使うかがナイジェリア政府にとって最大の課題であった．

そのことがナイジェリアの政治文化を転換させた．誰も石油収入という公共の財布を利用することへの誘惑に打ち勝つことはできなかった．政府高官の地位につくことは，石油収入をより多く私物化することを意味した．それは豆やパイナップルを売り歩く国民とは全く異なる世界である．

1970〜80年代半ばの，国際原油価格崩壊までの間に，ナイジェリアには1,000億ドルを超えるオイルマネーが国家に注ぎ込まれた．

ナイジェリアの俄かな富は，別の意味でも異なっていた．それは不労所得であったという点である．ナイジェリア国営石油会社（NNPC）と手を組んだ外国石油会社が石油を生産し，政府は何もせずに，利権料・税金（＝レント）を徴収する．石油収入は容易に入手され，容易に使用された．先見の明のあるジャーナリストは，政治文化の破壊的進行を予見した．実直な経済活動は敬遠され，政府支出プロセスへのアクセスと操作が富の確保につながることになったのである．

石油収入が，何故これほどまでに政治を歪めたかという理由の一つは，ナイジェリアの混在部族が，自分たちの種族の面倒をみる慣例があったことである．同国の三大部族であるハウサ・フラニ族，イボ族，ヨルバ族はそれぞれ北部，東部，西部に居住し，独自の言語と異なる宗教を信仰している．ナイジェリアには三大部族の他にも250に及ぶ少数民族がいる．彼らは激しい対立関係にある．概して，イボ族はハウサ族が無教養であるといい，敬虔なイスラーム教徒であるハウサ族はヨルバ族を攻撃的な無神論者，イボ族を西欧に感化された強欲な商人とみている．

こうした多様性が，現代的なナイジェリア人の愛国心を根付かせようとするナイジェリア政府の努力を水泡に帰させてきた．ナイジェリアの若い世代はイギリスにより残された三地域からなる議会制度を拒否し，アメリカ型の連邦制（大統領制）を採用し，現在それは30州によって構成されている．しかし，それは部族的要素を大きく残存させることにつながり，各地域がそれぞれの地域に首都と行政府を有した．イギリスは，インドで完成した族長制を通じた間接支配体制を北部に導入することにより，様々な方法で異なる部族集団に民族的抗争を押し付けた．このことは地元の族長の地位を尊大なものにした．さらにイギリスは族長制を持たなかったイボ族以外の部族にも族長を創り出し，部族的な誇りがナイジェリアナショナリズムにつながるように試みたのである．

しかしながら，ナイジェリアの部族意識は，各部族意識が根強かったため，なかなか解消されなかった．ナイジェリア人は多くのアフリカ人と同様，家族や村に対する義務感が強かった．同国における成功とは，新聞を売ることを生業とするか，部族の族長となるかを問わず，自分の周りの者を養うことが保証されることを意味する．

ナイジェリアでは個人で稼いだ現金と，公共の金庫から取り去った現金は区別されない．先進国ではこれを汚職と呼ぶが，ナイジェリアでは従妹をひいきしたり，自分の村に井戸を掘ることは，富の非公式な再配分手段であり，潤滑油に過ぎない．

しかし，汚職はより広範に社会を害する．第一に，汚職は報酬を与え，無駄を助長する．資金の腐敗した使い方は，二つの政治的パイプを通して吸い上げられる．政府契約の認可と政府許可の付与である．

ナイジェリアでは自分が誰で，どれ程大きな返礼を申し出ているかということの方が，どれ程効率的に仕事を成し遂げるかということよりも重要になる．無駄は，半分終わりかけた道路や，未建設の下水など様々な所で散見される．様々な国家プロジェクトに組み込まれた大きなマージンが，豪華な邸宅や高級車，政府関係者の子弟の海外留学費の原資に充当される．

汚職が害を及ぼす第二の要素は，政府財政を削ぎ取ることである．未払いの税金や未徴収の関税は，政府の歳入を減少させる．ビジネスマンは関税を払わず，税関の係官は賄賂を受け取り，敗北者はナイジェリア国民に他ならない．

汚職が害を及ぼす第三の要素は，慢性的な政治的信用の喪失であることは論を待たない．（後略）

(2) ナショナル・ジオグラフィック日本版2007年2月号[34)]

単行本ではないが，ナショナル・ジオグラフィック2007年2月号の特集は，「豊かな原油に蝕まれるナイジェリア」というものであった．

その要旨は，以下のとおりであるが，ナイジェリアの「石油の呪い」を余すとこなく伝える特集号であった．印象的な写真も数多く掲載されていた．

・ナイジェリア南部では，石油がありとあらゆるものを汚している．パイプラインから漏れ出た石油は，土壌や水を汚染し，石油利権はうまい汁を吸う政治家や軍人の手を汚す．目先の金に目がくらんだ若者は，オイルマネーの分け前にあずかるためなら，銃撃，パイプラインの破壊，外国人の誘拐など手段を選ばない．

・ナイジェリアは，突如として巨万の富を手にしたせいで，かえって苦境に陥った．1956年に，ニジェール川デルタ地帯の泥地から原油が噴きだすと，人々は繁栄を期待した．しかもナイジェリア産原油（ボニーライト）は，硫黄分が少なく良質だ．ガソリンやディーゼル油への精製コストが安いため，国際石油市場で人気が高い．1970年代半ばに，ナイジェリアが石油輸出国機構（OPEC）に加盟すると，政府予算はオイルマネーで膨れあがった．

・リバーズ州の州都ポートハーコートは，ナイジェリアの石油産業の拠点で，この地下に眠る石油の埋蔵量は，米国とメキシコの埋蔵量の合計を上まわる．それにもかかわらず，この都市に輝かしい繁栄はない．あるのは腐敗だけだ．

・ナイジェリアの危機的状況は，2006年からいっそう深刻さを増してきた．“ニジェール川デルタ解放運動（MEND)”と称する覆面武装勢力が，シェル・ナイジェリア社が運営する油田やガソリンスタンドなどを頻繁に襲撃している．こうした武装勢力は兵士や警備員を殺害し，石油会社の外国人従業員を誘拐する．

・漁師によると大規模プラントが建設され，船の往来が激しくなったせいで，波の動きが変わり沿岸が浸食されて魚が寄りつかなくなった．魚が獲れる沖に出るには，55馬力のエンジンが必要だが，このようなエンジンを買える漁師はいない．

・「一つだけ断言できることは，ナイジェリアは石油が見つかる前のほうが良

34) “Curse of the black gold: Hope and betrayal in the Niger Delta” National Geographic, 2007年2月

かったということだ」と断言する者もいる．

- ナイジェリアで，石油産業に対する大規模な抗議運動が最初に起きた地域は，ポートハーコートの南東にあるオゴニ族の土地（オゴニランド）だった．1990年，カリスマ的な人気のある地元の作家ケン・サローウィナが，原油の流出に怒り，オゴニランドにおける石油の権利を主張し，環境破壊を食いとめることを目的として「オゴニ族生存のための運動」を組織した．そして1993年はじめ，オゴニ族全人口の半数近い25万人が結集して抗議活動を行なった．
- サローウィナの国民的人気に脅威を感じたナイジェリアの軍事政権は，彼と仲間の活動家を殺人罪で告発した．罪状は群集を扇動して，対立していたオゴニ族の指導者4人を殺害させたことだった．
- 誰もがでっちあげと認める裁判で，1995年，サローウィナほか8人は有罪を宣告され，絞首刑に処された．
- そして最近では，シェル社の原油流出事故への対応は遅れるいっぽうだ．安全上の不安はそのままだし，現地の立ち入り料や補償をめぐる地元指導者との交渉も，非友好的で時間がかかっている．
- 「誰か聞いているか？デルタの人々にも，原油の販売にかかわって利益を手にすることを認めるべきだ．そうしないかぎり，デルタ地帯で起きている悲惨な事態を収拾することはできない」サローウィナは，最後となった新聞のコラムでそう書いた．
- 大学講師の一人が匿名を条件に，「ナイジェリアは最悪の誤りをしでかした．それはサローウィナの生命を奪ったことだ．この罪はぜったいに許されない．こんなふうに過剰反応する政府の下では，殺される前に武器を持って戦わなくては，と思うのも当然だろう．暴力は暴力しか生まない」と述べている．
- 今のニジェール川デルタ地帯では，どんな解決策も見えてこない．石油会社は従業員の生命を守り，操業を続けるために，ひたすらことを荒立てまいとする．力には力で対抗するよう命令されている軍隊は，都市部や水路の監視を強化している．そして反政府集団は，激しいゲリラ攻撃を展開する．彼らは犠牲者が増え，原油価格が上昇することで，政府が聞く耳をもつことを期待している．
- 2007年4月には国政選挙が予定されている．政治家がならず者を雇って有権者を銃で脅す，いつもの選挙のやりかたを変えなければ，暴力の連鎖はさ

らに加速するだろう．(後略)

ガバナンスの重要性

「石油の呪い」というテーマに関する議論は，今日，ガバナンスの重要性の認識に帰着する．強調すべきは統治の重要性であり，この点は今日さらに重要性を増していると評価される．

さらに，今日地球温暖化対策がエネルギー問題の前面に登場した．米国トランプ政権が離脱したとはいえ，2015 年 12 月のパリ合意はその到達点であり，こうした流れは化石燃料への投資抑制，化石燃料資源の座礁資産化の流れを生んでいる．化石燃料の座礁資産化の流れの中で資源保有国に求められるのは，資源開発に伴うガバナンスの一層の確立である．

「石油の呪い」から逃れる方法として，産油国にはガバナンスの徹底が求められる局面に，時代は既に突入している．

第9章　シェル・シナリオ・プラニングの戦略性

1970年代まで国際石油市場を支配したセブンシスターズは，今日，エクソンモービル，シェル，BP，シェブロンテキサコの4社に統合されている．私は国際石油会社の中では以前からシェル石油に好感を持っていた．何人か友人もおり，いい会社であると思う．

シェル石油に好感を持ったきっかけは覚えていない．ロンドンに駐在していたとき，シェルのスタンドで給油をしていたからかも知れず，最近まで近所の昭和シェルの給油所で入れていたが，今は出光に名前が変わった．

シェルに好感を持つ理由をシェルのシナリオ・プランニングの手法が気に入っているからだといえば，共感いただける人はおられるだろうか．

「情報システム用語事典」[35]によれば，シナリオ・プラニングとは，「将来起こり得る環境変化を複数のシナリオとして描き出し，その作業を通じて未来に対する洞察力や構想力を高め，不確実性に対応できる組織的意思決定能力を培うことを図る，戦略策定および組織学習の手法」である．

本章ではシェルのシナリオ・プラニングに関連する話しを通じて，同社の戦略の特徴，あるいは同社が醸成した企業文化の卓説性を考察したい．

1992年のグローバル・シナリオ

1973年から始められ，約3年に1度公表されるシェル・シナリオの中で，私が初めて本格的に分析したのは1992年シナリオであった．当時私はロンドンに駐在しており，知人がシナリオ・プラニング・グループに所属していたことも，シナリオ・プラニングに興味をもった背景であった．

しかしシェルの部内者でもなく，取引相手でもない私のような立場の者がシェルの企業戦略に直結するシナリオの全貌を把握するには，1年以上の期間が必要だった．早い段階で全貌を明らかにすれば，競合他社との戦略の差別化は覚束なくなり，何のための戦略策定かわからなくなる．

同シナリオをまとめたことを公表した後，シェルは様々なセミナー等で，徐々に当該シナリオの内容を紹介し始めた．

---

[35] http://www.itmedia.co.jp/im/articles/0812/15/news136.html

シェルのシナリオが議題に上っているセミナーに2つ，3つと参加しているうちに，ようやく全体像を把握することができた．その中で一番役に立ったのは，1994年5月スタバンガーで開催された世界石油会議に提出された，9ページの論文[36)]だった．

このペーパーで，1992年シナリオを俯瞰的に把握できたときは，本当に嬉しかった．同ペーパーは，ピーター・カスラー氏の名前で発表されていた．私は，知人からカスラー氏が1992年シナリオの取りまとめ責任者であることを知った．

2カ月ほど経った1994年7月5日は，ベネズエラの第173回目の独立記念日であった．私はPDVSA（ベネズエラ国営石油会社）からの招待で，家内と連れ立って英国ベネズエラ協会主催の記念式典に参加した．会場はサボイホテルのボールルームであった．我々にあてがわれたのは10人用のテーブルで，席は卓上の名札で指定されていた．全員が石油産業関係者で，PDVSA社関係者の他には，有力産油国の元石油大臣の令嬢夫妻，ピーター・カスラー夫妻，我々がテーブルに着いた．私の左隣がカスラー夫人で，家内の右隣がカスラー氏であった．

私は，パーティーが進行しテーブル全体での差し障りのない話しが一巡したとき，隣の夫人に，「実は私は石油産業の分析に従事している者で，シェルのシナリオ・プラニングに関心をもっています」と自己紹介した．夫人は「夫は今回のシナリオの策定に関係した」と言った．

無論私はそのことを知っていたが，それには触れず，テーブルの上にあった紙に，絵を描いた．図表14の左側に示す絵であり，それはシェルの世界認識を示

図表14：世界秩序の変化

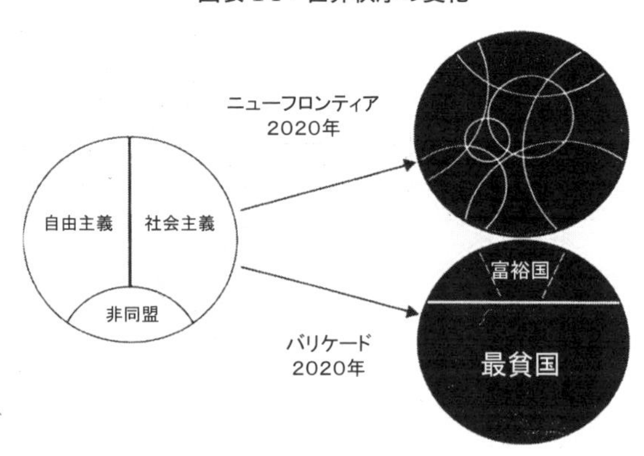

[36)] "Two global energy scenarios for the next thirty years and beyond" P. Kassler, Group Planning Co-ordinator, Shell International Petroleum Company, Ltd.（1994年5月）

すものであった．夫人は，夫がシナリオ・プラニングに関係していることは知っていたが，その内容までは承知していなかった．私は件の絵が，如何に冷戦時代の世界認識として妥当であるかを，シェルの言葉を用いて説明した．

私は，「実はそのスライドが欲しいのだが，シェルがそのスライドを提供しないのはどういうことなのだろう」と夫人に言った．夫人は，「シェルに頼めば提供してくれるのではないか」といい，パーティーが終わるときに，夫に話してみたらと水を向けた．

私がそれでも勇気が持てずにいると，夫人は別れ際に，カスラー氏に「須藤さんはシナリオ・プラニングに関心をもっている．それも特別の関心をもっている人である」と紹介してくれた．

翌日，私はカスラー氏に手紙を書き，私が関心を持っているのは件のスライド等で，それらのコピーが欲しいことを伝えた．数日後，カスラー氏から6枚のスライドのコピーが届いた．

パワーポイントもインターネットも普及していない，今から振り返れば，のどかな時代の，懐かしい思い出である．私にとっては，1枚のスライドが世界認識の構造を示し得ることを教えてくれた大切な思い出でもある．

私は帰国後，1992年シナリオをいくつかの機関の研究会で紹介した．私は，毎回，件のコピーを何枚か持って研究会に臨んだが，コピーの提供を求める者はいなかった中で，ただ一人放送大学の高橋和夫助教授（その後教授，現名誉教授）が，OHPで写した件のスライドをノートに写筆されるのを見た時は，高橋助教授と世界認識が共有できたような気がして嬉しかった．高橋助教授は，国際政治の講義で時として見事な世界認識の概念図を描かれていた．こうした世界認識の概念を共有できる受講生は本当に幸福であると思う．

1992年策定シナリオの内容

カスラー氏の論文を下に，1992年シナリオの概要をまとめてみよう．

・エネルギー市場は，世界経済及び政治の変化によって強く影響される．過去10年，多くの国々は，国営産業の市場自由化や民営化に動いてきた．こうした動きが，どの程度長期的な成功をもたらすかは定かではない（註：1990－91年頃の策定作業であることに留意）．

・現在の潮流と位置付けられる自由化と他の改革への反応に関して，我々は2つのシナリオを策定した．その一つは「ニューフロンティア」シナリオで，成長と変化の物語である．経済と政治の自由化は，富を創出するための社会的能力を改良する．「ニューフロンティア」は，多くの変化の要素を含んでいる．それらの一つは競争条件下における，伝統的エネルギー産業の高度のリストラである．独占の立場は解体されるだろう．新しい競争者が登場するが，それはしばしば彼らの立場を越えた攻撃的な企業である．石油・ガス・電力産業の間の境界はなくなり，企業の新しい協定がそれらを越えて機能するだろう．

・これに対し，「バリケード」シナリオは，自由化を遅らせ，世界の分裂と障壁を拡大するものとして策定した． 人々は，仕事・権力・自治・宗教的伝統・文化的アイデンティティー等，彼らが最も重要視するものを失うかもしれないことを恐れ，自由化に抵抗する． この抵抗が，世界の分裂状態を維持させ，かつ相互間の溝を深める．「バリケード」は，その環境的利点のため，石油に対してよりガスに対して良好なものである．米国は，新しい国内供給者の進歩を促すために，助成金やインセンティブを使うだろう．また，国内に石炭資源を持っている諸国にとっては，自然の対応として石炭の自給率を高める．一方，新しい国際ガスパイプラインは，「バリケード」においては，良い投資展望だとは考えられない（注：2010 年当たりを想定してのシナリオであることに留意）．

・まとめとして，「ニューフロンティア」シナリオは，高経済成長が，特に開発途上国におけるエネルギーの需要の急速な増加に導くという開発途上国のサクセスストーリーである．一方，「バリケード」シナリオでは，需要の伸長ははるかに遅く，かつ成長地域が特定されている．環境問題は，政府の規制によって解決され，地球温暖化の懸念が原子力をある程度復活に導く．同シナリオに

図表 15：2 つのシナリオの概念

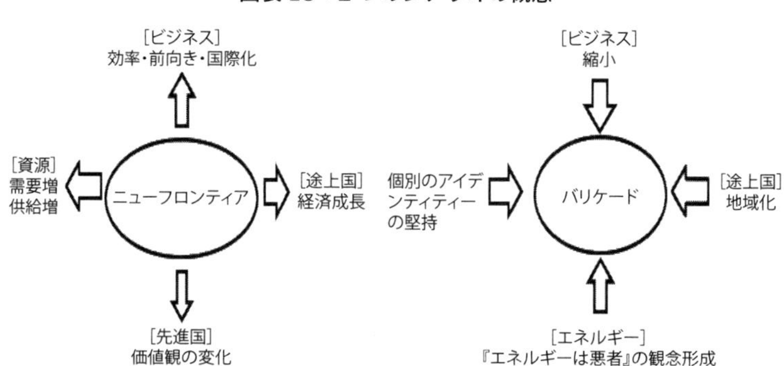

おいては，開発途上国の立場は，今日と比較してほとんど改善されない．

今日から振り返ると，1992年シナリオは，冷戦終焉後の世界の進展が見事に活写されていた．またこうした認識に基づき作成されたエネルギー戦略において，天然ガスの優位性の認識，中でもLNGビジネスモデルの実効性の認識は重要であり，トップ企業としてのシェルの地位確立と維持に大きく貢献したと評価される．

2001年策定のシェル・シナリオ

次に私が深く読んだのは，2001年に公表された「シェル・グローバル・シナリオ2025」であった．

分析の軸が3つになっており，それまでのシナリオに比べ理解し難かったが，卓越したシナリオであることが時間を追うごとに明らかになった．こうしたシナリオをまとめ上げる企業としての総合力，人材の想像力の旺盛さは貴重な資産であると感じられた．「シェル・グローバル・シナリオ-2025（2001年策定）」は以下により要約される．

・1992年，1995年，1998年に発表されたペアシナリオ（二軸シナリオ）に共通するのは，市場中心の世界（1992年の「ニューフロンティア」に代表される）と，社会やコミュニティの希望に機会を与える世界との二律背反（ジレンマ）であった．市場開放が加速した1990年代のシナリオは，いずれもグローバリゼーションの拡大，新しいテクノロジーの登場，そして市場の自由化をおいては他の選択肢はないとする考えに基づくものである．

・それらに対し2001年シナリオは三軸シナリオであり，その一つは「自由の連帯と経済統合の拡大」を描写している（「Low Trust Globalization」）．このシナリオ世界では，競争と革新の勝者が効率や機会，高い報酬を手に入れる．既成の権威に対する挑戦が頻繁に起こり，国民国家の権威が大きく低下する．また，二つ目のシナリオでは，規制の性質，企業統治の枠組み，福祉制度改革などを巡る一層複雑な選択肢に社会が直面する状況を描写している．宗教・信条や価値観，愛国心，大衆迎合主義，国家主義といった考え方の違い，国家間の緊張（米国と欧州間の緊張を含む）を巡る対立に，世界各地の分裂や不和の雰囲気がよく反映されている（「flags」）．さらに，三つ目のシナリオでは，こうした安全保障と市場信頼の二重危機によって，市場動機とコミュニティの願望に加えて，第三の力，即ち国家の規制・強制力への抑制・牽制の役割が重視されている（「Open Doors」）．

・シナリオを策定する上での各出発点を画する三角形の 3 つの頂点は「市場中心の世界」，「国家中心の世界」，「コミュニティ中心の世界」を表し，それぞれが拮抗し合う．2001 年シナリオは，トリレンマ・トライアングルの頂点ではなく，多様化した複数の目標同士の間で最も理にかなったトレードオフを実現する三軸構造の内部，即ち複数の力の結合によって 2 つの目標が達成される「二者が勝ち一者が負ける」世界である．この絶対不可欠なトレードオフに到達するための整合性のある有望な道筋を 3 つのシナリオで探ることとした[37]．

2001 年策定シナリオは，その結果として①安全保障問題，②法的文化・資本市場文化，及び③規制の重要性を，それぞれ強調したところがユニークであるが，それ以前の二項対立的な手法に比べると難解だったことは否めない．難しかったが，しかしこれ程面白いことはなかった．

図表 16：シェル・グローバル・シナリオ（2025 年）の構造

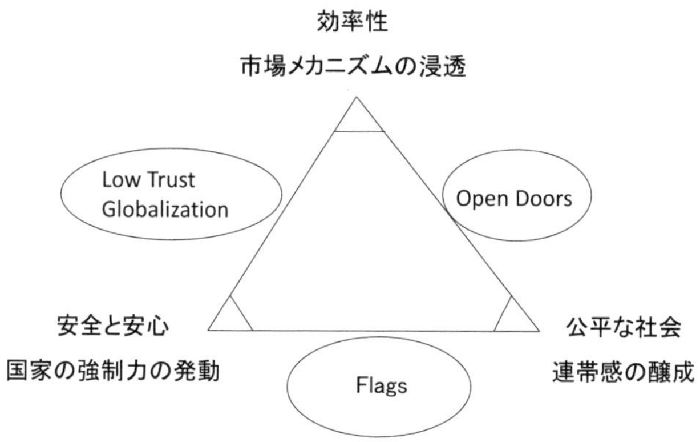

効率性
市場メカニズムの浸透
Low Trust Globalization
Open Doors
安全と安心
国家の強制力の発動
公平な社会
連帯感の醸成
Flags

[37] 3 つのシナリオ名，「Low Trust Globalisation」，「Open Doors」，「Flags」については，原語のニュアンスどおりに日本語に言い換えることは困難であるので，日本語には訳さず原語のままとした．

概して，日本においては「官」対「民」の問題は，「政府」対「企業」，あるいは「政府」対「市場」として措定される傾向があるが，こうした二項対立的な図式では社会の本質的問題は捉え切れない．すなわち，世界には政府（国家）と企業（市場）の他に，「社会」というもう一つの舞台があり，世界はいわば三本足の椅子として考察される必要があるとする．シェル・グローバル・シナリオ-2025は明確にその点を打ち出しており，国家，市場に並ぶもう一つの要素として「市民社会」を挙げている．

日本社会においては，市民社会が元来未成熟であることもあり，市民社会の要素を軽視して社会や経済を論じる傾向が散見されるが，政府が安全・安心の基盤を提供し企業が市場を舞台とする一方で，市民の活動の場所が市民社会であるという点は，行き過ぎた市場主義をチェックする上で重要な視点を提供していると評価されよう．

シェル社の行動原則

シェルはその後も，3年に一度くらいの頻度で，シナリオ・プラニングを継続している．しかしながら，私がシェル社に関心を持つ理由は，シナリオ・プラニングを実施する企業であるからだけではない．シェルはその明確な行動原則と同原則に基づく事業内容を年次報告書（シェールレポート）という形で，ステークホルダーに全面的に開示している企業であるからである．

シェルの行動原則[38]は，目的，責任，経済原則，企業倫理，政治的活動，健康・安全・環境（HSE），地域社会，競争，コミュニケーションの9項目を定めている．行動原則の第2は責任（Responsibilities）であり，シェルの諸会社は，5つの分野に対する責任を規定している．それらは，①株主に対する責任，②顧客に対する責任，③従業員に対する責任，④協力会社に対する責任，⑤社会に対する責任の5つである．

フィル・ワッツ氏（後にシェルグループ会長に就任）は，1997年に共同執筆した論考[39]の中で，次のように述べている．

「我々は1995年に起きた，ブレント・スパーおよびナイジェリアのケースで相反する価値観や認識が一定のところへと収斂しつつあったその様子に，

[38] http//:www.shell.com

[39] “Companies in a World of Conflict, P.23-31”, Royal Institute of International Affairs, 1998

不意打ちを食らわされた．それは，我々を取り巻く社会の根底にある期待がどう変わっていたか，という点に関するタイムリーな教訓であった．

確かなことは，この先も期待は減らないということ，そして我々に突き付けられる要求は，しばしば互いに相容れないものだということである．これらの問題を効果的に処理することは，技術的課題や経済的課題と同様に決定的に重要要素になった．」

ここで，ブレント・スパーのケースとは，英領北海で原油貯蔵・払出施設として1976年稼働を開始した同施設は，1992年は操業中止となり，北大西洋への投棄が英国通産省により承認されたが，1995年4月30日投棄に反対するグリーンピースの活動家4名が実力行使に訴える挙に出たため，シェルは投棄を断念したという事件である．

また，ナイジェリアのケースとは，同国の人権運動家であるケン・サローウィナ氏初め9名のオゴニ族活動家が1994年5月に逮捕され，特別軍事法廷により死刑判決が下され，処刑されたという事件を指す（第8章参照）．

こうした基本認識の下に，ワッツ氏はシェルのグループ各社が行っていることとして，以下のとおり続ける．

・シェル・グループ各社は，どうしたらこうした難題に対処できるのか．簡単な解決法はないのは確かであり，また対応は理解を増していくための継続的な取組みでなければならない．これらの課題への我々のアプローチにおいて，キーワードは，コミュニケーション，明快さ (clarity)，及び信頼性 (credibility) である．

・コミュニケーションとは，種々の社会にあって世論形成に一役買っている幅広い層の人々と対話を始めることや，国際企業の期待を聴取することである．我々は，互いに相容れない期待のジレンマと向き合うための，共用される枠組みに到達することが必要である．

・次に明快さとは，シェル・グループの各企業がやらなければならないこと，やってよいこと，及びやれないことについて，内外を問わず，より明確にすることである．企業の役割についての論争は，その時その時にスポットライトの当たっている諸産業について，長年にわたって行われてきたものである．ただ，今日の論争が今までと違っているのは，幅と深さが増していることである．

・三番目の信頼性は，決定的に重要な要素である．もし我々が共通の理解に到達しようとするのであれば，我々の行動が約束していることと一致していることを示さねばならない．

シェル・グループの立場を要約すれば，企業は持続可能な開発のパートナーであるべきこと，企業は経済的成功，環境の改善，そして社会的責任という三つの要素に基礎を置かねばならないということになろう．この三要素がすべて揃わない限り事業は持続できないという認識は重要である．

日々検証が求められる行動原則

以上シェルの行動原則について見てきたが，そのことは同時に行動原則はあくまでも原則であり，それは日常の業務の中で日々実行，検証されない限り，意味をもたないことを示している．したがって実行は検証され，外部の第三者の目によって評価されない限り，社会的には全く意味をなさない．シェル社が卓越しているのは，行動原則に照らした各年の活動実績を年次報告として，レビュー結果を含め公表していることである．

最後に，実際のレポートからその雰囲気の一端を紹介してみたい．それには

- 「このレポートはきれいごとだ（米国）」，
- 「シェルには，操業している地域社会やそこに住む人々のことを一番に考える絶対的な責任がある．そうでなければ，そこにいる権利はない（無記名）」，
- 「あなた方自身の関心事は，あなた方が操業している地域社会の関心事でもあります．環境と社会に対して責任を持つより他に選択の余地はないのです（国名不詳）」などの，シェルに反対・批判的な意見も数多く見られる．

あるいは，

- 「ブレント・スパー問題とケン・サローウィナらのナイジェリア人の処刑以来，私は意識してシェルの製品を買わないようにしてきました．あなた方がこの問題に正面から立ち向かおうとしているのを読んで，喜んでいます（オーストラリア）」
- 「流れの方向は正しいと思うけど，その速度には熱意が感じられないと思う（ブラジル）」

などというコメントも随所に見受けられる．

私はシェルも一企業であり，企業である以上，こうした広報活動には一種の打算があることを否定しない．しかしそうした要素を全て認めた上でも，同社のやり方に共感を覚える．

独善的ではなく，所定のルールに従い行動し，原則に基づき活動を検証，第三者の評価を，手を加えずに公表していく―，こうした現実との相互交渉がない限り，企業倫理・行動原則などは所詮，絵にかいた餅に過ぎなくなるだろう．

振り返って，我が国では代表的企業の倫理規定が実例集としてまとめられ，発刊されている．しかし，久しく問われているのは，広く産業界が国民の信頼を回復せねばならないということである [40)]．

確認すべきは，問題解決型・目的意識型のアプローチが採用されない限り，文言上は立派な規定を作ることはできても，行動原則の血肉化はもとより，国民・消費者の信頼回復は覚束無いという点である．シェル社を手本に考えるならば，まず原則を示し，実績を第三者の目にあるがままに曝し，批判的な意見に傾注し，見出した課題の克服に努力し続けることが何より重要である．

---

40) エネルギーフォーラム2002年11月号「シェル・レポートに見る企業統治の先進例」（須藤繁）P.90～93参照

第10章　石油のノーブル・ユース

石油の用途

石油の用途には輸送用，熱源用，原料用の3つがある．石油連盟資料によれば，2019年度の構成比は，動力用が48.9%，熱源用が25.52%，原料用が25.4%である．動力用には自家用車やトラック，バスなどの自動車燃料に加え，航空機・船舶用燃料が含まれる．熱源用は産業用として農林・水産，鉱工業，都市ガス生産の他，発電用，民生用に用いられる．

原料用は，石油化学工業用であり，洗剤・プラスチック製品，合成繊維など，様々な製品の原料となる．石油の価値を考えると，個人的には原料用に使うことが重要であると考える．輸送用は代替燃料があれば，将来的にはこれらに切り替える．熱源用を石油固有の用途とするには，余りにもったいない．

こうした観点から，石油は将来共原料用に用いられるべきであるという考えには合理性がある．

図表17：石油製品の用途別国内需要（単位：千kL／年）

		ガソリン	ナフサ	ジェット燃料	灯油	軽油	A重油	B･C重油	燃料油計
2022年度	実績	44,774	38,232	4,027	12,249	31,665	10,421	4,672	146,040
2023年度	実績見込	44,493	36,370	4,389	11,643	31,278	9,806	4,540	142,519
2024年度	見通し	43,116	37,631	4,367	12,206	30,991	9,613	4,378	142,302

出典：経済産業省石油製品需要想定研究会（2024年4月26日）

図表18：石油製品の用途別需要構成（2019年度）

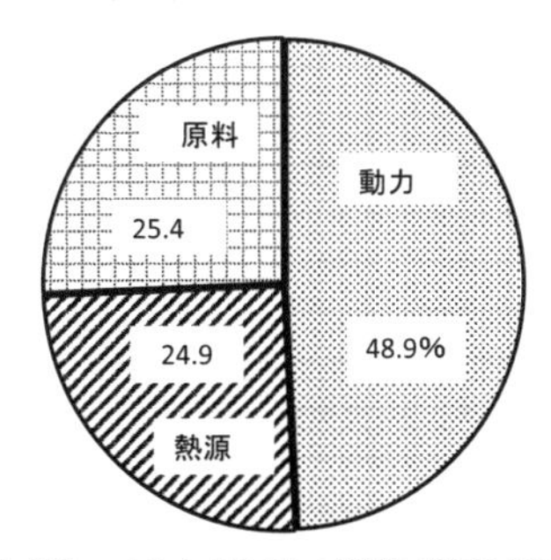

出典：石油連盟「調べてみよう石油の活躍（2021年度）」より作成．

ノーブル・ユースの意義

石油のノーブル・ユースとは，そうした考えの延長に位置付けられる．ノーブル・ユースとは，石油／天然ガス用語辞典（石油天然ガス金属資源機構）によれば，「貴重な資源である石油を，石炭などの他種エネルギーでもよい発電のような用途に大量に消費することを避け，石油でなければならない付加価値の高い，例えば内燃機関の燃料とか石油化学の原料とかの用途に向けることにより，浪費を防ぐべきだという考え方」と紹介されている．

さて，ノーブル・ユースという用語に関しては誰が言い出したか明らかでないが，1970年代から日揮株式会社に所属されていた山田耕作氏ではないだろうか．

山田氏とは，30年以上前に，何度か面談したことがある．私が20代後半で，氏が50代半ばだったように思う．山田氏は，1970年日本石油の懸賞論文に，「石油に愛を」で入選されていた．同論文で展開された視点が「ノーブル・ユース」であり，八丁堀のいきつけの居酒屋で，業界誌の発行者を交えて，幾度か氏の薫陶に接したことがあった．

何度目かの面談の際，私は山田氏の投稿論文を何点か受け取った．「石油産業の分析，石油行政の評価は後世の研究者に委ねるとして，私が考えたことは良かれ悪しかれ，これらの論文の中に入っている」と氏は述べた．おそらく彼は，私が居酒屋での懇親会でも「効率はどう測るか」あるいは「収率向上の方法にはどのようなものがあるか」などと質問するので，少しはこれで勉強してから出て来るように，という意思表示をされたのかもしれない．それらの文献を納めたファイルは，その後の任地に常に携行された．

主な文献名を以下に記録に留めておきたい．

・「石油有限時代の論理，ノーブル・ユース」（石油経済ジャーナル1979年10月25日）
・「1980年代を展望する—石油の剰余価値と技術の限界から—」（同1980年1月5日）
・「原油油種間格差とノーブル・ユース—原油価格の見通しに必要な技術的要因—」（同1980年1月25日）
・「ノーブル・ユースは石油の心」
・「石油に愛を　石油自身の言葉を聞こう」

山田耕作氏の論考

以下に，山田氏の論考の要旨をまとめる[41]．

「現在，いろいろな人々によって石油が語られているが，ただひとつ不満を感じることは，石油に対する愛情が足りないことだ．石油との対話が欠如している．

わが国の高度経済成長は，確かに国民生活水準の向上をもたらした．その原因として，技術水準，勤勉な国民性，高い教育水準などがあげられよう．

だが，この一般論には欠落がある．高度経済成長を支えたものは，実は石油であったのだ．石油のおかげで，たいした努力もせずに高度経済成長が達せられた．

石油は燃料として，また化学原料として非常にすぐれた資源であるにもかかわらず，長い間，安値に放置されてきた．石油ショックまでの20年間，世界の高度経済成長とインフレーションにもかかわらず，ほとんど値上がりしなかった．これは実質的値下がりを意味する．この間日本人の所得は約10倍にも増大している．

石油が有限であり，かつ再生不可能な資源であることは，もはや疑う余地がない．いま最も大切なことは，『余命の見えた貴重な石油の恩恵を，将来世代を含めて，社会経済的に最大化するにはどうしたらよいか』という設問に答えることである．ここに筆者が提唱する『ノーブル・ユース』の発想の原点がある．

石油の『ノーブル・ユース』とは，単なる効率利用ではなく，それぞれの石油炭化水素の性状に見合った，最も価値ある用途に使われることをいう．たとえば，ナフサから生れる石油化学製品の中には，天然繊維では得られないすぐれた物理化学的な性質をもった合成繊維がある．また用途によっては鉄，その他の金属で代替できない，すぐれた性質のプラスチック素材も開発されている．

その石油を燃料として燃やしてしまうのはもったいないというのが，『ノーブル・ユース』の心なのである．

石油は，究極的には石油でなくては不可能な用途，または代替が非常に困難な用途に限定し使用されるべきである．これを実現していくためには，まず，石油が充分高価でなくてはならない．さしあたって，このため重要なことは，

---

41)　本項は，「石油有限時代の論理，ノーブル・ユース」を基にまとめた．

石油炭化水素の各製品における評価が，正しく価格に反映され，価格体系の秩序が回復することである．

省エネルギーは原単位の向上，即ち熱効率の改善などによって，目的機能を損なうことなく投入エネルギーの量的削減を可能にする．一方，ノーブル・ユースはエネルギーの質にも関連し，より広義の省エネルギーを意味する．

ノーブル・ユースは価格体系の秩序がきわめて重要な意味をもってくる．もし理想的な価格体系の秩序が維持できるなら，供給者の利潤追求の努力，需要家，消費者の合理的選択という利己的本能にもとづく行為が自然とノーブル・ユースにつながって，資源の合理的配分に貢献する．

一方，ノーブル・ユースに反し，社会的損失を助長するのは，価格体系の混乱に起因している．これは産油国側が人為的に不自然な原油価格体系を決めたことに起因する．

理論上，石油の高騰を抑える決め手となるものは，代替エネルギーのコストである．したがって，今からこれを先取りして研究開発の努力をしていくというのは全く正しい．しかし，石油の高騰に相当な行き過ぎでも起こらないかぎり，実質的な脱石油は起こらないのではないか．石油に浮かんだ社会のしくみを改変することは容易ではない．おそらく石油が確実に石炭より高くなってから，さらに50年以上を要するであろう．昭和30年代に始まった石炭から石油への転換を思い起こしてみるといい．あれほど優劣のはっきりした，つまり安くて良質の石油に転換するのでさえ，10年以上を要した．そして，炭坑閉山によって大量の失業者を出し，長く石油に課税して石炭救済が続けられたのである．

石油高騰は必然的に経済成長を抑制し，国民生活の切り詰めも強要する．もはや，かつてのような経済成長は望むべくもない．戦後の歴史を振り返ってみると，世の中は義務と忍従を強いられた時代から，権利主張の民主主義へと変わった．

さらに，石油有限時代に入ってこれまた大きな壁にぶち当たろうとしている．本当に国民，納税者が主人公である．政治家は，国民に対して甘い幻想をふりまいてはいけない．賃金が上がればよい．税金が安くなればよい．公共料金が上がらねばよいというのではなく，お互いの負担を軽くする最も合理的手段を見つける知恵を出し合う時代に来ていると思うのである．」

以上，引用終わる．

「石油に愛を」

さて，ノーブル・ユースである．この用語の考案者が，山田耕作氏であるのか否かは明らかではないが，ノーブル・ユースの考え方の定着に山田氏が大きく貢献したことは動かないところである．日本石油のコマーシャルの「石油に愛を」は今でも通じるキャッチコピーであると思う．山田氏は，あるとき，私にこんなことを言った．

「『石油に愛を』というのは私が言っているのではないのですよ．石油が，私に語らせているのです．私はメカニカルエンジニアですが，石油のことを考えると心情（メンタリティー）は理工系出身者のそれではなくなるのです．私が考えるのは収率とか，熱効率のことですが，何故効率を上げようとするかといえば，それは石油が収率を挙げてくれと訴えてくるように感じるからなのです．君はまだ若いからそういう感じはわからないかもしれないが，私が石油に対して抱く感情は，一言でいえば，『魔性』というようなものです．『魔性の女』というときの『魔性』です．懸賞論文では『石油に愛を』という言葉使いになりましたが，私が感じているのは『石油の魔性』なのです」．

山田氏は1995年に他界された．当時，私は1991年から海外に勤務しており，氏の晩年にお目にかかる機会は持てなかったことが今更ながら残念でならない．今となっては氏の論考を再考することで，氏が感じた石油の魔性を追体験してみる他はない．

石油の剰余価値と技術の限界[42)]

(1)　石油の恩恵

「今日，数多くの人々によって石油が語られている．書店には石油やエネルギーの本が氾濫している．感想として共通した傾向は，石油に対する過少評価であり，もう一つは技術に関する過剰期待である．

『石油はエネルギーの王者ではない．代替品はいくらでもある．いずれ技術が，そして人類の英知が問題を解決する』といった論調に代表される．だが，高度経済成長を可能にし，われわれを物理的に豊かにしたのは，実は石油であり，正確にはその剰余価値であった．石油そのものには，いくらでも代替品があるかもし

42)　本項の記述は，主に「1980年代を展望する―石油の剰余価値と技術の限界から」によった．

れないが，石油のもつ剰余価値には代替するものがない．技術はもともと物理価値を創出することはできないのである．

わが国の驚異的な高度経済成長も，実は安い石油のおかげであった．石油の剰余価値とは，平たくいえば10ドルの価値のある石油が2ドルで入手できたということである．人類はこの天与の資源剰余価値を享受できたが，これを満喫したのはOPEC産油国やメジャーより，むしろわれわれ消費国であった．そして，石油の剰余価値を1960〜80年代に享受したのは，産油国ではなく，消費国であり，日本はその筆頭であった．

安い石油が大量に輸入されるようになって，わが国の石炭産業は見る影もなく斜陽化してしまい，大量の失業者を社会に放出した．この失業者を救い，転職の機会を与えたのも石油であった．

あるいは，原油価格よりも2割も高い重油の価格は不自然である．何故なら，原油はそのまま，重油の代替ができるからである．この不自然で2割も高い重油でも，なおかつ石炭よりはるかに割安であった．これが石油の剰余価値である．

国内炭を保護するため，高い重油を容認し，さらに関税までかけて，これを石炭合理化の財源とした．石炭失業者を救済したのも石油の剰余価値である．

国民生活においても，われわれの所得，生活水準が実質的に向上したのも石油のおかげであった．石油の加勢によって労働の生産性が上がり，これが賃金を押し上げた．高度成長時代は，福祉も減税もという贅沢な要求も可能であった．政府は打ち出の小槌を持っていた．この打ち出の小槌の正体こそ，石油の剰余価値であった．

副都心にそびえる超高層ビル，ビルの谷間をぬって建設された高速道路，すべて石油の剰余価値が蓄積されて具象化したものである．

1970年代は，こうした石油の剰余価値の大部分がOPEC産油国に転移（所得移転）された時代であり，消費国にとっては容易ならざる事態が進行したといわねばならない．」

(2) 技術に対する過剰期待の戒め

「技術はもともと潜在的価値を引き出して顕在化するが，物理価値，すなわちエントロピーを創出することはできない．

水と空気からアンモニアを製造する発明（ハーバーボッシュ法）が技術の勝利として，よく引き合いに出される．しかし，水を電気分解して水素を得るにも，窒素を空気から冷凍分離するにも莫大なエネルギーが必要であり，合成反応もまた超高圧が必要である．

無料（価格）のものから，金で売れる商品（有料＝商品価値）を作ることから，新たな物理価値が創出されたように考えるが，これは生み出されたように錯覚する．ここには経済価値と物理価値の混乱がみられる．これには石油や電力が豊富で，ただ同然で供給可能なことが前提になっている．

要はエネルギーの投入なくして技術だけで，物理価値を高めることはできないということだ．」

石油資源が最も長きにわたって使われることが，人類と石油との付き合い方の最適解である．第 1 章で紹介したサウジアラビア・ナーゼル元石油相の言葉（サウジには，豊富でほとんど永久に利用可能なエネルギーがその最も望ましい形，石油で保有されている）や本章で見た山田氏の論考には，石油の価値を再考する十分な論拠が示されている．

■あとがきに代えて

ホルムズ海峡からマラッカまで

――今は漕ぎ出でな

2011年1月，長年の念願であった原油タンカーに乗船することができた．オマーン沖で大型原油タンカー（30万トン）に乗船し，クウェート，サウジアラビアで原油を積み，中国の大連まで運ぶ航海だった．日本の原油輸入の中東依存度は9割を超えるが，ペルシャ湾から日本への輸送に関してはチョークポイントといわれる死活的に重要な海域がある．台湾南端とフィリピン北端間のバシー海峡を加えることもあるが，通常はホルムズ海峡，マラッカ海峡の二つが取り上げられることが多い．

ペルシャ湾から日本の東京湾までは，往復で約45日かかる．日本が輸入している諸物資，鉄鉱石や食料，あるいはエネルギーとしての石炭，液化天然ガスの全てがホルムズ海峡やマラッカ海峡を通過する訳ではないが，原油に関しては8割以上が両海峡を通行している．資源・エネルギー統計によれば，日本の2023年の原油輸入は1億4,766万kLで中東からの輸入量は1億4,048万kL，中東依存度は95.1%であった．

より長期に遡ると1967年，石炭から石油に代わってエネルギー革命が行われた直後は91.2%を占めた．第一次石油危機時（1973〜74年）は77〜78%であった．その後供給源の多様化が図られ，1987年には67.9%まで落ちたが，アジア産油国の生産量の頭打ちを受けて，再度中東依存度が高まり，2000年代に入ってからは80%台後半から90%で推移している．

このことは，石油の安定供給上，ホルムズ海峡，マラッカ海峡の実態を正確に把握しておくことが依然重要であることを示唆している．

ホルムズ海峡

2011年1月1日にオマーン沖のコールファカンで燃料給油のため停泊中の原油タンカーに乗船した．タンカーは同日夕刻コールファカンを出航し，同日深夜ホルムズ海峡を通過し，ペルシャ湾に入った．タンカーが目指したのはクウェートだった．

乗船した原油タンカーは，クウェートとサウジアラビアで，クウェート原油

100万バレル，サウジアラビア原油100万バレル積み取ることとしていた．タンカーは33万トンのVLCCだった．寄港したクウェートもサウジアラビアのジュアイマ・ターミナルも一点係留ブイ方式であり，乗務員は上陸できなかった．

写真16は，ホルムズ海峡の航空写真である．写真で見る限りではヘアピンカーブと言えるほどの航行が求められる海域である．しかし，ホルムズ海峡は実際かなり広く，今，変針しているという実感はなかった．

次に写真17は乗船したVLCCの航跡を示している．航跡はペルシャ湾からオマーン湾（インド洋）に出ようとしており，後方はイラン沖合である．

写真16：ホルムズ海峡（航空写真）

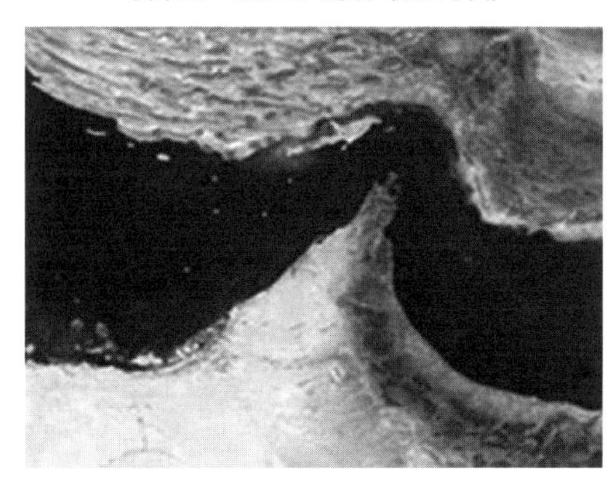

出典：Jacques Descloitres, MODIS Land Rapid Response Team, NASA/GSFC

写真17：ホルムズ海峡を通過，オマーン海に入る

アラビア半島からペルシャ湾に突き出た半島であるムサンダム半島の先に，コイン島という岩礁が二つある．石油産業は，タンカーの運賃レートに「ワールドスケール・レート」という運賃指標を使用するが，その起点となるのがコイン島である．

1月7日午後1時過ぎに，私はこのコイン島を右舷に見ながら，ホルムズ海峡を航行した．ホルムズ海峡は，ムサンダム半島の沖合のコイン島の岩礁から対岸のケシム島までが33 km，イラン本土とアラビア半島の間は55 kmである．実際，33 kmというのはかなり広く，私としてはホルムズ海峡の封鎖は難しいと実感した．

機雷を撒いて一時的に航行を遮断することはできたとしても，海峡を数日や数週間という時間軸で封鎖するのは難しいだろう，という私なりの結論を持った．そのことは経済紙[43]にも投稿し，関係する研究会でも報告したが，研究会での議論の結論は，「米国との軍事力の差からイランがホルムズ海峡を封鎖することは軍事的には難しいとしても，そのことはイランが同海峡の船舶の航行を遮断することができないことを意味しない」ということになった．

つまり，イランにとってホルムズ海峡を通行する船舶を遮断するには，必ずしも同海峡の封鎖を必要としないということである．仮にイランの陸上にミサイルが配備され，被弾の蓋然性が高まれば，船舶オーナーはペルシャ湾に船舶を入れられなくなる．こうした事態が起これば，実際に考えられるのは，日本の船員組合は安全宣言が出ない限り，危険水域には航行しないという展開であろう．私はホルムズ海峡の目視体験からよりも，むしろその後の議論から多くのことを学んだ．

タンカーの大きさ

現在の原油タンカーはどれ程大きいのか．写真18は，私が2011年1月1日にオマーン沖合に給油のために停泊中の30万トン級タンカーに艀（はしけ）から乗り込もうとしたときのものである．艀からタンカーを見上げて撮影した．

艀に向けて，梯子が降ろされ，それにより甲板まで昇らなければならない．甲板までは75段，約15mの高さがあった．私は，旅行カバンを左手で持ち，コンピュータの入った肩掛け鞄を右手に抱えて，一段一段数えながら75段を慎重に昇った．タンカーはバラスト航行の最後で，船体の3分の2（約20m）は海面上

[43] 日本経済新聞　2012年2月7日「経済教室」

写真 18：オマーン沖合に停泊中の VLCC（バラスト航行中）

に，3 分の 1（約 10m）は海面下に沈んでいる状態であった．

大型原油タンカーはバラスト航行時，海面から甲板までが 19〜20 m，海面下に約 10 m が隠れている．また原油満載時は海面から甲板までが 10 m，海面下に約 20 m が沈んでいる．定期検査時で陸揚げされた状態では，30 万トン級のタンカーの場合，船底から甲板まで 29 m，建物でいえば，10〜11 階に相当する高さになる．

原油輸送に従事する今日の最適船型とされる 30 万トン級の原油タンカーは，

図表 19：世界の大型原油タンカー出現時期

船　名	国籍	建造年	重量トン（DWT）
World Unity	ギリシャ	1952	31,745
Tina Onasis	リベリア	1953	45,230
Universe Leader	リベリア	1956	85,515
Universe Apollo	リバリア	1959	114,356
日昇丸	日本	1962	130,250
東京丸	日本	1965	151,258
出光丸	日本	1966	209,413
Universe Ireland	リベリア	1968	326,000
日石丸	日本	1971	372,698
Globtic Tokyo	イギリス	1972	477,000
日精丸	日本	1975	484,337
Batillus Pierre	フランス	1976	550,001
Guilaumat	フランス	1977	555,301
Jahre Viking	ノルウェー	1980	555,819

これほど巨大な輸送用船舶であることをまず認識することが重要である．VLCC は全長約 330 m，幅 70 m，高さ 29 m もの大型船であり，約 100 隻の VLCC が今も日本への原油供給を担っている．

図表 19 は，タンカー大型化の推移である．歴史的には，48 万トンがこれまでの最大船型であった．しかし，48 万トンのタンカーは，マラッカ海峡は喫水の関係で通航できないため，ロンボク海峡に迂回航行が必要になった．航海日数が 3 日ほど余計にかかるのみならず，日本での受け入れ港にも制約があり，効率的な運行ができず，姿を消した．世界的にもこうした趨勢は共有され，現在は原油輸送の最適船型は 30 万トン級になった．

海賊との戦い

ホルムズ海峡を出ると，海賊について触れねばならない．最盛期からみれば，下火になったとはいえ，ソマリア沖海賊とマラッカ海賊は，今なお活発に活動しているからである．

図表 20 は国際海事局（IMB：International Maritime Bureau）が，毎年公表しているデータからまとめたものである．

2023 年の海賊事件の発生件数は世界全体で 120 件であった．世界全体のピー

図表 20：世界の海賊事案発生状況

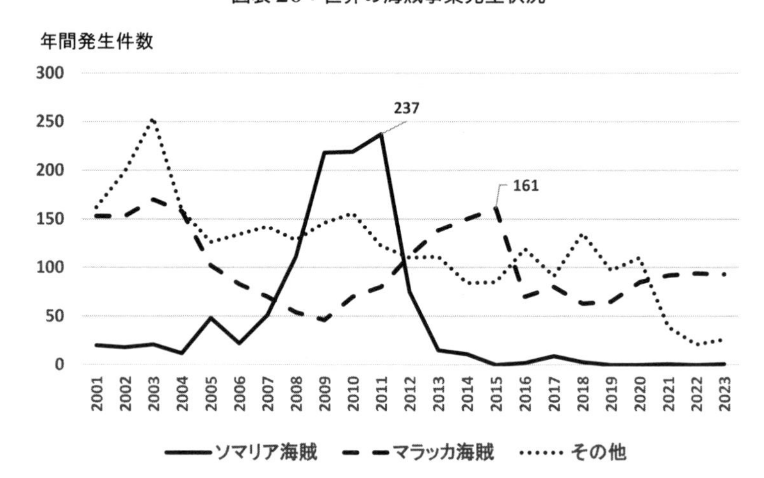

出典：IMB（国際海事局）データより作成

クは2010年の445件であった．2010年時点では，そのうちの219件がソマリア周辺海域で発生した．件数的にも武器のエスカレートの度合いから言っても，当時はソマリア周辺の海賊の活動が突出していた．ソマリア海賊の事案が最大であった2011年に関しては，海賊被害総数は439件，内ソマリア海賊関連は237件，マラッカ海賊関連は80件であった．

しかしながら2013年以後，ソマリア海賊事案は日本の海上自衛隊を含む多国籍護衛艦による護衛活動の成果により，急速に減少した．その一方で近年ではマラッカ海賊事案が増加し，東南アジア海域全般では93件を占めている．総数が120件に減少しているので，件数としては東南アジア，マラッカ海賊事案の割合が大きく高まった．

インドネシア，マレーシアの海賊は重火器を保持せず，銃とライフルを保持し，錨泊中，あるいはマレーシア沖の場合には減速航行するので，海賊船でも本船に接近して乗り込もうとする．

ホルムズ海峡を出て，一路アラビア海，インド洋に進路を取ると，2012年以前は完全に危険水域であった．そのため，できるだけ陸側に近い海域を，15ノット，時に16ノットで全速航行する他なかった．ソマリア海賊が本気になって追跡すれば，追いつかれてしまう可能性はあるとしても，通常は少なくても数百kmは離れているので，逃げ切ることができるという想定で，ホルムズ海峡を出ると全速力での航行になる．護衛艦のエスコートが確保できない場合は，インド大陸に沿って全速で航行するというのがソマリア海賊へのいちばん効果的な対策であった．

これに対してマラッカ海賊は重火器を保持していないので，放水が十分効果的である．しかしながら，マラッカ海峡の場合には，減速航行し，時には遊弋するので，漁船に擬した海賊船が接近し船側をよじ登ってくることによる被害はあとを絶たない．マラッカ海峡では放水の事前チェックを行った上で，あとは2人交替で24時間見張るという態勢がとられていた．

マラッカ海峡を航行

マラッカ海峡の通過を考える上では，海賊の問題に加えて安全航行，航行安全策が重要である．狭い航路，浅い喫水，特定の海域における岩礁の残存ということから，同海域は中東原油輸送に携わる海運関係者にとって最大の関心事項である．

マラッカ海峡で事故を起こせば航行そのものが止まり，世界経済への打撃は測り知れない．1960年代は，日本経済にとって中東・東アジア間の大型タンカーの航路の確保が重大な問題であると初めて認識された時代である．実際，その当時は海図も十分に整備されていなかったことから，航行支援設備も十分でなく座礁事故がかなり起きた．

日本の石油業界は，まず海図の整備を行い，次いで航行支援設備や浮標の整備，航行の安全レーンの明示といった地道な活動を行った．またマラッカ海峡協議会はマラッカ海峡の安全航行に大きく貢献した．

最近では海賊問題があるが，日本からも海上保安庁の巡視船が海賊の哨戒にあたり，2007年にはODA（政府開発援助）で巡視艇3隻を無償供与したことが，インドネシアその他からも高く評価された．

マラッカ海峡は浅瀬が多いので，一時期それをダイナマイトで爆破しようという話があった．一部の岩礁は爆破したと記憶するが，いくつかの岩礁は依然残存している．

1月17日にマラッカ海峡を越えるために，16日は減速航行をし，かつ4時間程沖待ちをし，17日朝いつでもマラッカ海峡に入れる準備が整った．

マラッカ海峡はマレー半島西岸とインドネシアのスマトラ島東岸との間に位置する海峡である．シンガポール南東端とインドネシアのカリムン島とを結ぶ線よ

写真19：マラッカ海峡近辺の地図

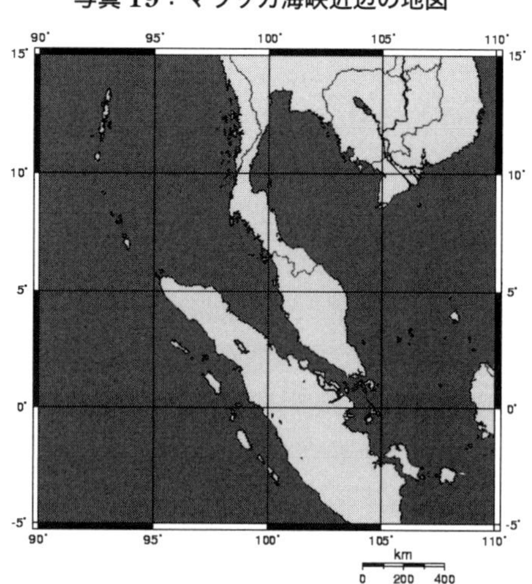

出典：ウィキペディア　https://ja.wikipedia.org/

り西をマラッカ海峡，東をシンガポール海峡と呼ぶ．

海峡の全長は約1,000km，最も狭い所は，マラッカ海峡では，インドネシア・ルパット島北端のメダン岬とマレーシア・トゥアン岬との間が約37km，シンガポール海峡では，サキジャン・ペラパ島とバハンティ岩礁との間は4.6kmである．同海峡を通行する船舶は，航行規制でタンカーにせよ，貨物船にせよ，船底から海底まで3.5mの余裕を持つことが義務づけられている．

マラッカ海峡を東航する場合，水深は海峡の内部に入るに従い徐々に浅くなる．シンガポール海峡の水深は，船舶の主航路において，23〜40m程度であるが，マラッカ海峡同様，浅瀬や岩礁が多数存在する．日本へ原油を輸送するタンカーは，帰路原油を満載した東航時に水深の影響を最も受けることになる．

一般的な大型タンカー（30万トン級タンカー）は，200万バレルほどの原油を満載すると，喫水は船首部分で19.4m，船尾部分で19.6mほどになる．舳先（へさき）を少し上げて走る方が航行性能がよくなるので，舳先が若干上がるように原油を搭載するので，いちばん喫水の深い部分は19.6mほどということになる．したがって，それに3.5mの余裕を持たせると，計算上少なくとも23.1mほどの水深がなければ，大型タンカーはマラッカ海峡を通れない．

さらに，水深21.5mの海域が2ヵ所あるということは，普通の操船では通れないため，潮の干満差を利用せねばならない．実務的には潮汐表が利用され，通過可能時間帯が求められる．航海術等，海の技術として海技（シーマンシップ）という言葉があるが，筆者はタンカーに乗船して海技の重要性を改めて知ることになった．

乗船した原油タンカーがマラッカ海峡を通行した1月17日前後3日間の干満の差を見ると，232cm以上の干満差がある時間帯ならば，原油タンカーは通過できるということになる．潮汐表に基づけば，17日朝方4時，5時ぐらいから徐々に航行速度を上げて行って，7〜11時の時間帯であれば，一番浅い海域に入っても航行可能という計算になった．

実際には9時過ぎに一番浅い海域を越えたが，同海域を越えたところで船長の表情が見るからに明るくなった．船長の緊張感が解けたことを見て，私はマラッカ海峡がいかに難所となっているかを実感した．

潮もかなひぬ　今は漕ぎ出でな

なぜマラッカ海峡に入る前に減速していたのか．なぜ5時間も沖待ちしていたのか．それは潮が満ちるのを待っていたためである．

万葉集に額田王の和歌があるが，マラッカ海峡を通過するための沖待ちのときに，思いもかけずその秀歌が頭に浮かんだことには，我ながら驚いた．

「熟田津に 船乗りせむと月待てば 潮もかなひぬ 今は漕ぎ出でな」

2013 年 9 月に山口県宇部市に講演に行く機会があった．帰路，呉からフェリーで松山に渡り，額田王の歌碑を見に行った．愛媛大学の裏の万葉苑に，万葉仮名の原歌と副碑が建てられ，原歌には，「熟田津尓 船乗世武登 月待者　潮毛可奈比沼　今者許藝乞菜」とあった．

写真 20：額田王の歌碑

松山市御幸一丁目（護国神社万葉苑上）

地球の表面積の 7 割は海であり，海がある限り船舶輸送は必要であり，海技の重要性は常に産業と共にあることは，今後も動かないところであろう．

潮が満ちるのを待って，岩礁を下に見て，隘路を通過していく．このことの痛快さを海事産業人，石油産業人は，より多くの国民と共有してもいいと思うのだが．

図 表 索 引

写 真 索 引

（写真は，3, 11, 16, 19 を除き筆者撮影）

表　紙：インド洋を航行中の VLCC
裏表紙：サウジアラビア・ラスタヌラ原油輸出ターミナル
マラッカ海峡・ラッフルズ灯台
シンガポール・ジュロン工業団地石化プラント
ベトナム・ランドン油田
米国オクラホマ・クッシング原油受渡し決済ポイント
大連港原油輸入ターミナルのローディングアーム

著者プロフィール

須藤　繁 (すどう しげる)

1950年　東京都渋谷区生まれ
1973年　中央大学法学部法律学科卒業
1973～99年　石油連盟に勤務
　　　(その間，1982～85年在サウジアラビア日本国大使館，
　　　1991～96年ジェトロ・ロンドンセンターに出向)
1999～2002年6月　三菱総合研究所
2002年7月～2010年　一般財団法人 国際開発センター
2011～2022年　帝京平成大学現代ライフ学部経営学科教授

所属学会

公益社団法人 石油学会
社会技術革新学会

著　書

「石油市場の現状と将来―偏在と互恵」(1995年6月，世界の動き社)
「エネルギー産業の変革」(2004年1月，NTT出版)(共著)
「石油エネルギー資源の行方と日本の選択」(2007年7月，幸書房)(共著)
「石油地政学の新要素」(2010年4月，同友館)
「日本の石油は大丈夫なのか」(2014年11月，同友館)
「シンガポールでみんなで考えたこと」(2019年4月，幸書房)(編著)
「学生から見たアジアの多様性」(2022年3月，幸書房)(編著)

訳　書

「21世紀のサウジアラビア」(2012年7月，明石書店)(共訳)

随想　石油産業を歩いてみて
—石油の価値とノーブル・ユース—

2024年11月26日　初版第１刷発行

著　者　　須藤　繁
発行者　　田中直樹
発行所　株式会社　幸書房
〒101-0051　東京都千代田区神田神保町2-7
TEL 03-3512-0165　FAX 03-3512-0166
URL　http://www.saiwaishobo.co.jp/

組　版：デジプロ
印　刷：シナノ

ISBN978-4-7821-0488-0　C0057